悦览二十四节气

春夏篇

许 虹 黎作民 主编

扫一扫，悦闻二十四节气。

浙江教育出版社·杭州

图书在版编目（CIP）数据

悦览二十四节气 / 许虹，黎作民主编. —— 杭州：
浙江教育出版社，2022.8
ISBN 978-7-5722-2894-0

Ⅰ．①悦… Ⅱ．①许… ②黎… Ⅲ．①二十四节气—
通俗读物 Ⅳ．①P462-49

中国版本图书馆CIP数据核字(2021)第270342号

悦览二十四节气 YUELAN ERSHISI JIEQI

许 虹 黎作民 主编

责任编辑	唐弥娆 陈之江
美术编辑	曾国兴
责任校对	陈阿倩
责任印务	吴梦菁
封面设计	张 康
出版发行	浙江教育出版社
	（杭州市天目山路40号 电话:0571-85170300-80928）
激光照排	杭州兴邦电子印务有限公司
印 刷	浙江新华印刷技术有限公司
开 本	787mm×1092mm 1/16
印 张	18.25
字 数	365 000
版 次	2022年8月第1版
印 次	2022年8月第1次印刷
标准书号	ISBN 978-7-5722-2894-0
定 价	98.00元(共2册)

编 委 会

序　言

　　党的十八大以来，习近平总书记多次就弘扬中华优秀传统文化发表重要论述，他鲜明地指出："中国有坚定的道路自信、理论自信、制度自信，其本质是建立在五千多年文明传承基础上的文化自信。"

　　二十四节气是中华优秀传统文化的重要组成部分，在全世界具有重要且广泛的文化认同价值。2016年，"二十四节气——中国人通过观察太阳周年运动而形成的时间知识体系及其实践"被正式列入联合国教科文组织人类非物质文化遗产代表作名录。

　　我是外婆带大的。从我开始记事的时候，在日常生活中，在外婆的怀里、在外婆家的庭院、在外婆的家乡，常常聆听外婆的言语，目睹、感悟长辈们的举止……我知道了立春——一年之计在于春；清明——食青团，缅先辈；冬至——吃年糕……随着年龄的增长，我知道了这是我国优秀的传统文化，同时也渐渐养成了一些与二十四节气相关的健康生活方式，并受益至今。

　　我做了母亲后，也赓续了外婆的"基因"，使女儿比她的同龄人多一份对传统文化的挚爱，并肩负弘扬和传播中华优秀传统文化的使命。作为一名护理人，更是一名教育者的我，一直有一个夙愿，就是把中华文化根植在我们的孩子心中，让孩子们更真切地体认中华文化，厚植传统精神，汲取民族智慧，从而实现中华优秀传统文化的传承、弘扬和创新。

　　基于本人与团队近30年在教材建设上的成果积累，以及杭州师范大学健康与护理研究院和源于南宋、盛于明清的中医老字号"乾宁斋"团队多年的院企合作，我萌发了以"二十四节气"为切入点，引导少年儿童了解中华优秀传统文化，了解中医药文化，培养健康意识，养成自主、自律的健康行为的创作灵感。《悦览二十四节气》一书就这样应运而生。

　　本书的主要读者对象是少年儿童，分春夏、秋冬两册。基于此，在设计内容框架时，我们以季节为主线，引出传统的"二十四节气"。在每个季节的开篇，以"说文解字"道出该季节的由来；通过"节气说""童言三候""一花一草一世界""一方水土一方人""舌尖上的健康""爷爷的农事经""节气实践园""节气文化驿站""节气操"等栏目，详细介绍每个节气。其中，"舌尖上的健康"不仅介绍节气时蔬，还介绍了时蔬中神奇的中草药；"爷爷的农事经""节气实践园"，让孩子们身体力行，体验每个节气的应景活动，掌握基本的生活技能；"节气文化驿站"介绍与节气有关的古诗文，以及中华民族的瑰宝——中医药文化；每个节气都配有具有乾宁特色的养生保健节气操，帮助孩子们养成合乎节气特点的体育运动习惯。在每个季节的最后，我们设置了"健康乐园"栏目，让孩子们掌握基本的健康知识和适合自身的运动技能。

本书图文并茂。由编写团队和出版社编辑团队共同绘制的插图，让孩子们不仅仅停留在欣赏美图的层面，而是以这些图画为线索进入另一个世界，在孩子们心中创造一个立体的世界，达到了"不需要文字，图画就可以讲故事"的效果。

《论语》有云："学而时习之。"学与习是交互并行的。文化的认同与传承，必须将外在的知识内化成自我的习性。中华优秀传统文化是文化根脉，更是知识精华，能让少年儿童明确人生的发展方向，追求幸福、美好的生活。浙江是文化大省，也是文化强省，在文化建设方面始终肩负"干在实处永无止境、走在前列要谋新篇"的新使命。2022年6月，"诗画江南，活力浙江"被写入浙江省第十五次党代会报告，正式成为浙江省域文化的主题词，身为浙江人和国内护理领域唯一获得新中国成立以来"首届全国教材建设奖先进个人"殊荣的我，如何为"诗画江南，活力浙江"的建设尽一点绵薄之力，是让我屡屡魂牵梦萦的课题。编写本书，不仅是给孩子们提供一本优质的学习读物，还力求将中华优秀传统文化嵌入校园生活，融入家庭教育，进入智慧社区，实现中华优秀传统文化教育的常态化。这不仅是我的夙愿，也是整个编写团队共同的愿望。

在新书出版之际，作为主编之一，我谨在此对编写团队两年多的辛勤付出、百年老字号"乾宁斋"下属的乾宁斋文化研究院和浙江教育出版社的大力支持，以及为本书编写和出版提供无私帮助的所有人，表示衷心的感谢。新书出版之后，我们会听取读者朋友们的意见和建议，逐步完善，加以提升，并在此基础上力争出版后续相应的立体化教材，作为给孩子们最好的礼物。

许　虹

于2022年7月7日（小暑）

二十四节气歌

春雨惊春清谷天，夏满芒夏暑相连。

秋处露秋寒霜降，冬雪雪冬小大寒。

每月两节不变更，最多相差一两天。

上半年来六廿一，下半年是八廿三。

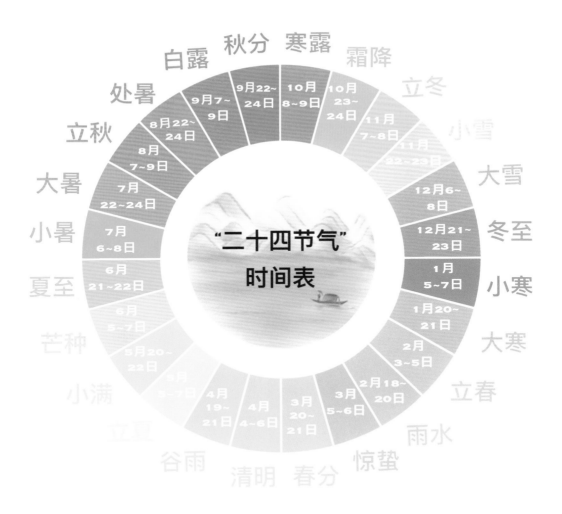

目　录

说文解字

春季，万物充满了无限的活力和生机。

甲骨文中的"春"字像是一棵刚刚钻出地面的嫩芽——在土壤（rǎng）里经过努力，终于冒出了地面。

金文中，嫩芽就是"屯"（tún）字，表示它努力向上生长的模样，艰难而又曲折。一横代表地面；"屯"字的尾部弯曲，表示植物的根；上面的两株小草形状，表示长势茂盛的植物。"春"字的寓（yù）意是草木欣欣然生长。

甲骨文	金文	小篆（zhuàn）	隶（lì）书	楷（kǎi）书

东风解冻鱼上冰——立春

节气说

　　立春是二十四节气中的第1个节气。从秦代开始，中国就以立春作为春季的开始。民谚（yàn）有"一年之计在于春"的说法。旧俗立春，既是一个古老的节气，也是一个重大的节日。"立"表示开始，"春"代表着温暖、生长，意味着一年中新的一个周期已经开启。进入立春节气后，最寒冷的时期基本过去，天气开始逐渐回温，万物开始渐渐复苏。南方，早春的气息扑面而来，而北方虽然土壤开始化冻，但立春只是春的前奏曲，并没有完全进入春天。

时间 胶囊

　　20（　　）年
（　　）月（　　）日

节气档案

时间：2月3、4或5日。

寓意：春季的开始。

穿衣：棉衣、羽绒服、厚呢外套、手套。

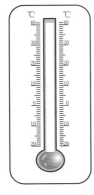

今日气温

天气风暴瓶

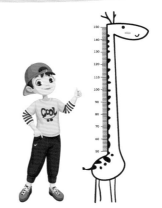

我的身高是（　　）厘米

3

童言三候

一候　东风解冻

古人把春风称为东风，这是因为中国的东面是海洋。春天的风从东边吹来，天气开始变暖，原本冰封的大地，也跟着渐渐解冻。不过，这时候，冬季的严寒还没有完全褪（tuì）去，还是需要注意防寒保暖。

二候　蛰虫始振

在寒冷的冬季，虫子们都纷纷躲进温暖的洞穴里冬眠（mián）。随着气温的升高，春风化解了冰冻的地面，暖意就随着松动的土壤进入了虫虫们的洞穴里。冬眠的虫虫感受到了春的气息，渐渐苏醒过来，在洞穴里微微翻了个身。

三候　鱼陟（zhì）负冰

冬天气温较低的时候，湖面的水会结冰，这时候冷空气就没法进入水中，湖底的水温和岸上的气温完全不同，鱼儿们就这样躲过大自然带来的寒冷危机。当气温渐渐上升，湖底的鱼儿就感受到了这奇妙的变化。这时冰也慢慢融（róng）化了，碎成一片一片的，鱼儿慢慢向上游，就像背着冰一样。

一花一草一世界

迎春花

"迎得春来非自足，百花千卉（huì）共芬芳。"

迎春花在春季最早开花，它像是春的使者，唤醒百花陆续开放。它先开花，后长叶，花朵像一个个嫩黄色的小喇（lǎ）叭（ba）。

为什么迎春花会是黄色的呢？原来，黄色是最容易吸引视觉的颜色，也是昆虫比较喜欢的颜色。早春，气温相对偏低，昆虫的活跃度不高，更需要亮丽的黄色来吸引昆虫完成授粉。

望春玉兰

望春玉兰又称望春花、迎春树，是我国特有的名贵园林花木，在庐山、黄山、峨（é）眉山还有野生的品种。春天来了，满树繁（fán）花迎风摇曳（yè），花朵散发出淡淡的清香，既可作为香料、饮料、糕点等的原料，也可作为香皂、化妆品的香精原料。除此之外，它还是我国传统的珍贵中药材，对头痛、感冒、鼻炎、肺炎等有很好的疗效。

一方水土一方人

迎春

迎春是立春的重要活动，必须事先做好准备，并进行预演，俗称演春。迎春活动中，两名艺人顶冠饰带，沿街高喊"春来了"，俗称"报春"，目的是把春天接回来。立春后，人们喜欢在春暖花开的日子外出游春，俗称探春、踏春，这也是春游的主要形式。

佩燕子

古时候，每年立春日，关中一带的人们喜欢在胸前佩戴用彩绸（chóu）剪成的"燕子"。这种风俗起源于唐代，现在仍然在农村流行。春天，燕子飞到北方，秋天它又飞回南方。在人们眼里，燕子是报春的使者，也是幸福吉利的象征。"不吃你家谷子，不吃你家糜（méi）子，只在你家抱一窝儿子。"许多人家都盼望着燕子能来自家房檐（yán）下筑窝，繁衍（yǎn）后代。

贴春字

立春到了，人们会在大门或窗户上张贴迎春祝福的字画。这个习俗从唐代就开始流传了，寄托了人们对新的一年生活幸福安康的美好愿望。迎春字画有报春的蜡（là）梅图，还有预示幸福美满的"福"字，也可以用对联的形式写上祝愿的词句，张贴在门楣（méi）上和门的两侧，表示迎春的愿望。

舌尖上的健康

二十四道风味——立春盘

立春时节，吃春盘也叫"咬春"，是人们迎接春天的方式。"咬春"最早出现在晋代，到唐宋时期开始流行。杜甫在《立春》中写道："春日春盘细生菜，忽忆两京梅发时。"北方的春盘一般用五辛和萝卜一起制作。"五辛"是指五种带有特殊气味、辛辣的时蔬。我国不同的地方，"五辛"的类别也有差异，调制的春盘也会不同。在南方，"五辛"主要是用生菜、芹菜、韭（jiǔ）菜、笋等拌成，它们也是中草药。现在，立春盘一般是指春卷。立春吃春卷有迎接春天、盼望丰收的寓意。

节气时蔬——香椿（chūn）芽

每到春天，光秃秃的香椿树上就会冒出紫红色的羽状嫩芽。当嫩芽长到一定长度的时候，人们会用一种特制的工具将香椿树上的嫩芽摘下来，制作香椿炒蛋。在炒蛋之前，需要先对香椿进行焯（chāo）水，这是因为香椿芽中含有较多的亚硝酸盐，食用不当容易引起食物中毒。新鲜的香椿芽会散发出一种特殊的气味，喜欢的人认为是香的，不喜欢的人认为是臭的。

神奇的中草药

香椿也是一味中草药，它具有健脾开胃、美容保健的功效。

立春推荐时蔬：韭菜、春笋、莴笋、菠菜、萝卜、豆芽、洋葱、白菜。

立春农事歌

立春春打六九头，春播备耕早动手。

一年之计在于春，农业生产创高优。

爷爷说，立春揭开了春天的序幕，是万物复苏的时节。立春是一年农事的开端。立春后，随着气温回升，植物开始萌芽生长，人们开始准备耕种，春耕大忙季节将在全国大部分地区陆续开始。立春后，麦苗变得更绿了，相比冬天，更显得生机勃（bó）勃。这时候，农民伯伯会在晴朗的午后给麦苗浇水。如果天气依旧非常寒冷，还可以施农家肥来保护麦苗。为了防止土壤板结，农民伯伯还会定期锄（chú）地松土。

立春农事：浇灌（guàn）追肥，耙（bà）地保墒（shāng），修治农具，兴修水利。

◎一年之计在于春，一生之计在于勤。

◎立春一年端，种地早盘算。

◎立春一日，百草回芽。

◎吃了立春饭，一天暖一天。

扫一扫，
写下你的
金点子。

节气实践园

松果是松树的果实，里面藏着的松子是小松鼠喜欢的食物。因为松果具备跟随天气变化而变化的奇特能力，所以常常被人们用来预测天气。当天气晴朗、空气干燥时，松果鳞（lín）片会张开；下雨时空气潮湿，松果鳞片会合拢。

我们可以去森林里捡一些松果，带回家一探究竟哦！

制作天气风暴瓶

材料：带盖的玻璃瓶、硝酸钾、氯化铵、蒸馏水、酒精（98％）、天然樟脑、电子秤、量杯等。

步骤：

❶ 取10克天然樟脑和40毫升酒精，混合溶解，倒入玻璃容器中。

❷ 称量硝酸钾、氯化铵各2.5克，加入33毫升蒸馏水溶解。

❸ 将两种溶液混合，轻轻振荡，若有白色固体没有溶解，可用隔水加热的方法使其溶解。

❹ 将混合后的溶液倒入带盖的玻璃瓶中。

科普链接

樟脑能溶解在浓度较高的酒精里。当气温发生变化时，酒精里的樟脑溶解量也会变化，往里面加入硝酸钾、氯化铵、水，可以让樟脑晶体析出的速度变快，形成美丽的结晶。不同的天气状况下，结晶的形状也会不一样呢！

节气文化驿站

诗词鉴赏

京中正月七日　立春

[唐] 罗隐

一二三四五六七，

万木生芽是今日。

远天归雁拂云飞，

近水游鱼迸冰出。

中医药文化

何谓中医药文化

中医学是中国传统科学中沿用至今的富有中国文化特色的医学，具有系统的理论体系、独特的诊疗方法和显著（zhù）的临床疗效。中医药文化是中华民族优秀传统文化中体现中医药本质与特色的精神文明和物质文明的总和，是中医药学内在的价值观念、思维方式和外在的行为规范、器物形象的总和。常见的沁（qìn）人心脾、乐极生悲、肝胆相照等成语都是中医文化的体现。

健康语录：立春至，雪消融，天变暖。多喝水，少减衣，吃瓜果，防感冒。

节气操

固肾式

春冻未消寒意重，益气含阳寿且明。
春归大地发陈起，补脾护肝化锦图。
早春梳头生三宝，美发长寿容颜少。
呼吸两手护先天，固肾强肝是为本。

扫一扫，
看视频，
学做节气操。

动作要点

两手空握拳，左右手交替拍打位于小腹部的气海和位于腰部的命门两个部位，4次为限。

什么是腹部正中线？

腹部正中线就是腹部中间的一条线，它在我们出生后就一直存在哦！

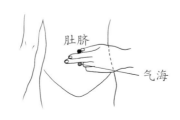

肚脐

气海

命门

气海：位于肚脐下1.5寸（约食指和中指并列的宽度）。

命门：位于腰部，第二腰椎棘突下凹陷处。

节气操与健康

此操适合在立春时节做。春天虽然来了，但是冬天的寒意还没有完全褪去。这时候，我们需要保护脾胃和肝脏。多做固肾式节气操，可以使肝脏更健康。此外，在立春时节，早晨多梳头发，可以让我们的头发变得又黑又亮。

11

天街小雨润如酥——雨水

雨水是二十四节气中的第2个节气。此时气温开始慢慢回升，严冬的寒冷随着冰雪的融化开始渐渐消散。雨水表示降雨开始，雨量逐渐增多。这时的南方笼（lǒng）罩（zhào）在一片烟雨朦（méng）胧（lóng）之中，无数的新生命在"贵如油"的春雨中孕（yùn）育着，如田园里的翠竹，它拔节的速度令人惊叹，一天一米的生长速度远远超过其他植物。

时间 胶囊

20（　　）年
（　　）月（　　）日

节气档案

时间：2月18、19或20日。
寓意：降雨开始，雨量渐增。
穿衣：毛衣、毛呢套装。

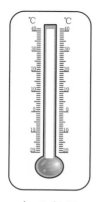

今日气温

天气风暴瓶

我的身高是（　　）厘米

童言三候

一候　獭（tǎ）祭鱼

雨水时节是水獭最开心的时候，鱼儿们纷纷浮出了水面，这就给了水獭可乘之机，要是哪条小鱼在浮水时不幸遇上水獭，估计就会成为水獭的盘中餐了。水獭是一种十分贪心的动物，每次捕到的鱼儿往往只咬上一两口便放到一边，然后继续捕鱼。这种行为就好像是水獭在"陈列祭祖"，所以人们把这个物候取名为"獭祭鱼"。

二候　候雁北

大雁是一种候鸟，冬天它们无法适应北方的寒冷，所以飞向温暖的南方过冬。等到雨水时节，气温开始回升，大雁又飞回原来的地方，找到相爱的伴侣，一起准备生小宝宝啦！

三候　草木萌动

随着雨水的增多，大自然中的大树、小树使劲摇晃着光秃秃的枝丫，都想要第一个冒出芽来。麦苗沉睡了一个冬天，被春风一吹，伸了个懒（lǎn）腰，嫩绿的叶子在风中摇曳，只要雨水滴下来，就铆（mǎo）足劲地往上长。路边的小野花早已嗅到春的气息，开始在阳光下绽放。

樱（yīng）花

初春，带着一丝寒意，人们还没有完全感受到春天的来临。一夜之间，樱花树焕然一新，有的换上了粉色新衣，有的换上了白色新衣。

樱花的颜色有许多种，主要为红色、白色。白色樱花洁白如雪，极具纯洁之美。红色樱花有深红、浅红、粉红之分，最常见的是粉红色的樱花，远远望去就像少女羞（xiū）涩（sè）的脸，给人青春、浪漫的美感。

杏 花

"小楼一夜听春雨，深巷明朝卖杏花。"

刚下过一阵雨，洁白的杏花便爬满了还未长叶的枝头，姿态十分娇（jiāo）美。杏花，又称杏子，是我国著名的观赏植物。

神奇的中草药

杏花被称为"中医之花"，它味苦、性温、无毒，含有丰富的苦杏仁苷（gān）、多酚（fēn）等活性成分，常用来治疗痤疮、祛（qū）风湿、通经络、营养肌肤。

一方水土一方人

吃芥（jiè）菜饭

雨水节气前后，浙江温州一带的民间还有吃芥菜饭的习俗，并有"吃了芥菜饭不生疥（jiè）疮"的说法。芥菜含有大量的叶绿素和维生素C，经常食用能提高自身免疫（yì）力，对皮肤也有好处。

回娘家

回娘家是指出嫁的女儿带着丈夫回娘家给父母送节，以表达对父母养育之恩的感谢和敬意。送节的礼品一般是"罐（guàn）罐肉"。

如果是新婚夫妇，岳父岳母还会回赠雨伞，有为出门奔波的女婿（xù）遮风挡雨，祝愿女婿人生旅途顺利平安的寓意。

接寿

接寿是指女婿去给岳父岳母送节，礼品通常是一段红绸（chóu）带。"接寿"的寓意是祈（qí）求岳父岳母能长命百岁。

二十四道风味——红枣粥

雨水节气湿度比较大，而且容易出现脾虚胃弱的状态，这个时候可以多吃一些补气血、养脾胃的食物。红枣粥就是非常适合在这个时节吃的食物，它香甜可口、养胃健脾，是雨水节气家家户户都会熬（áo）制的传统美食。

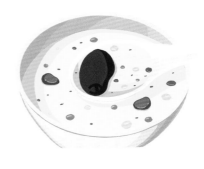

节气时蔬——马兰头

马兰头又叫红梗（gěng）菜、田边菊。马兰头原来是野生品种，一般生长在路边、田野，我国大部分地区都有分布。初春时期，马兰头便会冒出小嫩叶。这时，采摘新鲜的嫩叶，清洗干净后，在水里焯一下，切碎后加入香干凉拌，放些麻油，吃上去别具风味。马兰头属于菊科植物，在夏季会开出紫色小雏（chú）菊，因此也可作为盆栽植物供人们欣赏。

神奇的中草药

马兰头不仅是一道美味的菜肴，更是一味中草药，具有清热解毒、消肿止血的功效，对我们的眼睛也有好处，能预防近视哦！

雨水推荐时蔬：香椿、芹菜、荠（jì）菜、韭菜、春笋。

爷爷的农事经

雨水农事歌

雨水春雨贵如油，顶凌耙耢防墒流。

多积肥料多打粮，精选良种夺丰收。

　　爷爷说，雨水节气到来后，天气就要暖和起来了，冰雪开始融化，空气暖暖的、湿润润的。而且，这个时节时不时就会下雨，往往是下毛毛雨，之后下雨的次数会越来越多。其实，这时是植物复苏和生长的好时机。俗话说"春雨贵如油"，这时候的降水对植物的生长至关重要。但是，天气还是有点变幻莫测，时寒时暖，如果忽视这种变化，可能会对返青的农作物、林木、果木等造成伤害，所以要密切关注温度和湿度的细微变化，及时为农作物等做好防寒防冻的工作。

雨水农事：培(péi)土施肥，清沟排水。

◎雨水到来地解冻，化一层来耙一层。

◎雨水节，雨水代替雪。

◎七九八九雨水节，种田老汉不能歇。

◎雨水有雨庄稼好，大麦小麦粒粒饱。

扫一扫，
写下你的
金点子。

雨水前后，油菜、冬麦等农作物普遍返青生长，对水分的要求较高，这时适宜的降水对农作物的生长特别重要。恰巧雨水时节，降雨开始，雨量渐增。这段时间平均气温大多在10℃以上，降雨以毛毛雨为主，草木萌动，适合农作物生长。农谚说："立春天渐暖，雨水送肥忙。"给农作物施肥是很重要的环节。你知道怎么给农作物施肥吗？赶快去试试怎么堆肥吧！

自制堆肥

材料：直径大于30厘米的大花盆、一小袋土壤、易腐（fǔ）垃圾（果皮、菜叶、树叶等）。

步骤：

❶ 将准备好的大花盆底部的孔堵住。

❷ 先在花盆底部垫一层土，再在土上面放一些果皮、菜叶、树叶等。

❸ 铺上土，土层稍微厚一些，注意一定要压实。如果果皮、树叶等较大，可以用剪刀剪碎，这样能加快有机物的腐烂。

❹ 发酵（jiào）2~3个月即可。

科普链接

日常生活中产生的剩菜、剩饭、菜叶、果皮、茶叶渣等，基本都是易腐垃圾。堆肥就是利用自然界广泛分布的细菌（jūn）、真菌等微生物，在一定的人工条件下，有控制地促进有机物向腐殖（zhí）质转化的生物化学过程，实质是一种发酵过程。

节气文化驿站

诗词鉴赏

春夜喜雨（节选）

［唐］杜甫

好雨知时节，
当春乃发生。
随风潜入夜，
润物细无声。

中医药文化

阴阳学说

阴阳学说是以自然界运动变化的现象和规律（lǜ）来探讨人体的生理功能和病理的变化，从而说明人体的机能活动、组织结构及其相互关系的学说。阴阳学说认为，凡是运动的、外向的、上升的、温热的、明亮的、无形的、兴奋的等，都属于"阳"；凡是相对静止的、内向的、下降的、寒冷的、晦（huì）暗的、有形的、抑制的等，都属于"阴"。就人体部位而言，上部为阳，下部为阴；背部为阳，腹部为阴。在阴阳学说中，人们常说的任（rèn）督（dū）二脉也分阴阳，其中任脉总任一身之阴，督脉总督一身之阳。

健康语录：雨水至，雨量多，天变暖。桃李开，柳发芽，易降温，防感冒。

熊摩（mó）式

春消冰雪湿气升，调养脾胃是核心。
湿气在身惹虚胖，补足脾气能消湿。
天降雨水生万象，人补津液阴阳平。
微笑摩腹似熊状，健脾除湿无春困。

扫一扫，
看视频，
学做节气操。

动作要点

向左右跨步成弓步，双手握拳经腰间，双脚蹬（dèng）地向上撑拳。

节气操与健康

此操适合在雨水时节做。春天来了，冰雪融化，空气中的湿气增加，我们要注意保护脾胃。湿气如果在身体里积聚，会让我们变得虚胖，保护好脾胃能使我们体内的湿气消散。多做熊摩式节气操，不但可以让我们的脾胃变得更健康，除去身体内的湿气，还可以预防春困哦！

雷动风行惊蛰户——惊蛰

节气说

　　惊蛰（zhé）是二十四节气中的第3个节气。春雷乍动，惊醒了蛰伏在土壤中冬眠的动物，这就是惊蛰节气。传说惊蛰的节气之神是雷神，隆隆的春雷击打着生命之鼓，穿透河流和土壤，在空气中不断回响。万物接收到生命的信号，纷纷从梦境中醒来。植物们沐浴着春雨、舒展着腰肢，动物们打着哈欠、伸着懒腰，从冬眠的洞穴中爬出。农民伯伯在和煦（xù）的春风中开始了一年的劳作。

时间 胶囊

20（　　）年
（　　）月（　　）日

节气档案

时间：3月5或6日。
寓意：天气回暖，春雷始鸣。
穿衣：毛衣、风衣。

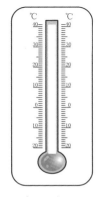

今日气温

天气风暴瓶

我的身高是（　　）厘米

21

童言三候

一候　桃始华

　　惊蛰时节，气温回升得很快，院子里的桃花好似闻到了春天的气息，悄无声息地盛开了。此时的桃树还没有长叶，只有一树的桃花，绽放出深深浅浅的粉色，迫不及待地昭（zhāo）告：春天来了。

二候　仓庚（gēng）鸣

　　仓庚即黄鹂（lí）。惊蛰时节，古诗"两个黄鹂鸣翠柳，一行白鹭（lù）上青天"中的美丽春景已经到来，我们可以听到柳树间黄鹂清脆（cuì）的鸣叫声。事实上，这也是黄鹂的求偶行为。

三候　鹰化为鸠（jiū）

　　鸠即布谷鸟。仲（zhòng）春之时，天空中已经看不见飞翔的雄鹰，它们开始躲藏起来繁育后代，只看到鸣叫的布谷鸟。古代的人们发现鹰减少了，而周围的布谷鸟却好像一下子多了起来，就误以为是鹰变成了鸠。

一花一草一世界

桃　花

三月份，正是桃花盛开的时候。桃树是先开花后长叶的。一阵春风吹过，粉里透红的桃花开满枝头，就像一只只优雅的花蝴蝶，在春风中翩（piān）翩起舞，还散发出阵阵清香。

梨　花

"忽如一夜春风来，千树万树梨花开。"

一夜春风后，雪白的梨花也迫不及待地挂满了枝头。朵朵梨花簇（cù）成一团团，像无数个小雪球，在春风吹拂下摇曳生姿。

安徽（huī）砀（dàng）山酥梨种植历史悠久、驰名中外，砀山也因此被誉为"中国梨都"。砀山酥梨种植面积堪称世界之最，已载入吉尼斯世界纪录。

神奇的中草药

桃花不仅是春天最美的花儿之一，它还具有很高的药用价值，有化瘀（yū）止痛等功效。桃花含有山奈（nài）酚、胡萝卜素、维生素等成分，可以让我们的皮肤更光滑、有弹性哦！

23

一方水土一方人

赶霉（méi）运

惊蛰是农历二月的开头，平地一声惊雷，唤醒了冬眠中的蛇虫鼠蚁，家中的各种爬虫走蚁也活动起来，开始四处寻找食物。

古时候，惊蛰这一天，人们会手持清香、艾草，熏（xūn）蒸家中四角，用香气驱赶蛇虫鼠蚁和霉味。久而久之，就演变成了不顺心的人们在惊蛰时驱赶霉运的习惯。

蒙（méng）鼓皮

"惊蛰至，雷声起。"

响雷，是惊蛰节气的重要特征。这时候冷暖气流交汇，极易产生雷电。在古人眼中，"雷电"就是"雷公"在打鼓。

古人想象的"雷公"是一位鸟嘴人身、长了翅膀的大神，一手持锤（chuí），一手击打身边的许多天鼓，发出震耳的雷声。

古人认为，惊蛰当天，天庭有雷神击天鼓，所以他们也利用这个时机来蒙鼓皮，因此便逐渐演化出了这一习俗，以祈求"雷公"保佑平安。

舌尖上的健康

二十四道风味——豌豆苗

豌豆苗又称豌豆尖、龙须菜、龙须苗，是以豌豆的幼嫩茎叶、嫩梢作为食用部分的一种绿叶菜，在南方特别是江南地区很受欢迎。杭州人春天的餐桌上必摆上一盘豌豆苗。"每天吃豆三钱，何需服药连年。"鲜嫩的豌豆苗可口又养胃，营养丰富，富含纤维素、维生素C，有助于提高机体免疫力。

节气时蔬——茼（tóng）蒿（hāo）

在我国古代，茼蒿为宫廷（tíng）佳肴，所以又叫皇帝菜。茼蒿清爽可口、气味芳香。据我国古药书记载，茼蒿性味甘、辛、平，无毒，有"安心气，养脾胃，消痰（tán）饮，利肠胃"的功效。茼蒿营养丰富，含有维生素、胡萝卜素及多种氨（ān）基酸。

神奇的中草药

茼蒿作为一种中草药，具有开胃消食、利肠通便、止咳化痰等功效。

惊蛰推荐时蔬：韭菜、荠菜、莴笋、豆芽、生姜、茼蒿。

爷爷的农事经

惊蛰农事歌

惊蛰天暖地气开，冬眠蛰虫苏醒来。

冬麦镇压来保墒，耕地耙耢种春麦。

爷爷说，惊蛰就是春天的第一声惊雷，所谓"春雷惊百虫"，惊蛰到了，春雷就会响起来，蛰伏于地下冬眠的虫子被雷惊醒，纷纷破土而出，真是一派生机勃勃的景象啊！春雷隆隆，惊醒的可不只是地里的虫子。惊蛰也标志着春播的开始，农民伯伯也会被这声春雷给"唤醒"，准备播种农作物了。但是，温暖的气候也为病虫害的产生和蔓延创造了条件，田间的杂草也相继萌发。此时正是油菜生长的旺盛时期，及时做好施肥、除虫、除草工作，到了丰收的季节定能有个好收成。

惊蛰农事：翻新土地，防治害虫，播种作物，植树造林。

◎惊蛰吹起土，倒冷四十五。

◎惊蛰节到闻雷声，震醒蛰伏越冬虫。

◎惊蛰春雷响，农夫闲转忙。

◎惊蛰有雨并闪雷，麦积场中如土堆。

扫一扫，写下你的金点子。

惊蛰一过，南方已是一派融融春光，开始进入春耕季节。我们可以观察天空、云层的变化，听听风的声音，记录下今年的第一声雷。一声声春雷过后，大地为人们送来的第一份礼物就是鲜嫩可口的惊雷笋。

我们还可以去体验挖笋活动，想一想：笋可以怎样储（chǔ）存？

制作惊雷笋的储存盒

材料：煮好的笋、纸盒（或塑料盒）、密封袋、标签纸、剪刀、透明胶带、记号笔、水彩笔等。

步骤：

❶ 确定食物储存的方式，选择适宜的储存盒（纸盒或塑料盒）。

❷ 将煮好的笋放进密封袋，可以分若干个小袋储存，还可以进行真空处理。

❸ 将分装好的小袋放入纸盒（或塑料盒）。

❹ 给成品设计名称，写上保存方法、营养价值等信息。

❺ 美化储存盒。

科普链接

食物腐败变质是微生物引起的，微生物生长需要充足的水分、空气和适宜的温度等。通过密封真空包装控制空气条件，可以延长食物的保质期。纸盒包装抗压性强、美观大方、防潮、遮光。食物还可以采用腌制、晒干、冷藏等方式保存。

诗词鉴赏

惊蛰二月节

［唐］元稹（zhěn）

阳气初惊蛰，韶光大地周。

桃花开蜀锦，鹰老化春鸠。

时候争催迫，萌芽互矩修。

人间务生事，耕种满田畴。

中医药文化

五行学说

　　五行学说是关于金、木、水、火、土五种物质运行变化规律的学说，是中医哲学思想五行理论在医学上的应用，用来解释（shì）人体生理、病理，以及疾病的病因、病机等，是中医基础理论之一。中医学认为，人体的五脏与五行相配，就可对应为肝属木、心属火、脾属土、肺属金、肾属水。比如，中医认为肝的特性是主疏泄、调达，可以调节人体的气机运行；而木的特性是生长、升发、条达。人属于自然界的一部分，自然界的变化也会影响人体的脏腑（fǔ）功能，"天人相应"，肝和木的特性一致，所以就将肝与木相对应。

健康语录：惊蛰到，春雷响，万物长。晒太阳，早睡起，多运动。

节气操

嘘（xū）掌式

百鸟争鸣万物苏，应时而动发陈性。
菊花枸杞茶养肝，美目流盼慈悲心。
风池常梳护城河，邪风来了难藏身。
春来护身嘘字诀，平肝解郁第一流。

扫一扫，
看视频，
学做节气操。

动作要点

与肩同宽交替推掌，同时口呼"嘘"字，3秒完成。

节气操与健康

此操适合在惊蛰时节做。惊蛰时节，百鸟争鸣、万物复苏，可多喝菊花枸杞茶，多做嘘掌式节气操，不仅对我们的肝脏和眼睛有好处，还能帮助我们拥有好心情哦！

日月阳阴两均天——春分

春分是二十四节气中的第4个节气，表示春天已经过半。在春分这一天，太阳光直射赤道，白天和黑夜的时间几乎相等。我国大部分地区此时已经进入了明媚的春天，到处都是杨柳依依、莺飞草长的景象。在周代，春分有祭日仪式。春分期间还是孩子们放风筝的好时候，《燕（yān）京岁时记》中记载："儿童放之（风筝）空中，最能清目。"这是由于在放风筝时，眼睛要一直盯着高空的风筝，有利于消除眼睛疲劳，达到保护视力的目的。

时间 胶囊

20（　　）年
（　　）月（　　）日

节气档案

时间：3月20或21日。

寓意：昼夜时长相等。

穿衣：风衣、西装、运动装。

今日气温　　　天气风暴瓶

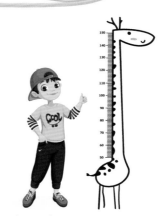

我的身高是（　　）厘米

童言三候

一候 玄鸟至

"小燕子，穿花衣，年年春天来这里。"古人把燕子叫作玄鸟，认为它们可以给人们带来吉祥，又称"神鸟"。春分时节，家家户户都盼望着从南方飞回来的燕子到家里来做窝，处处温馨（xīn），家家欢喜。

二候 雷乃发声

春分后下雨时，天上的云朵撞到一起，就会发出轰隆隆的声音，这就是雷声。一阵阵春雷滚过天空，柳树发出新芽，穿上绿衣裳（shang），青蛙睡醒了呱（guā）呱叫，小朋友在草地上欢乐地玩耍。

三候 始电

"夜来风雨声，花落知多少。"春分下雨不再是润物细无声，这时人们经常可以看见从云间凌空而下的霹（pī）雳（lì），这就是电闪雷鸣。电闪雷鸣之后，我们将会迎来蓝天白云的舒适天气。

一花一草一世界

海棠（táng）花

春日，在温暖的阳光下，海棠花成群地开放着。海棠的种类很多，有西府海棠、垂丝海棠、四季海棠等，每一种都有各自的特点。

海棠是我国特有的植物，自古以来就是雅俗共赏的花木，海棠花素有"花中神仙""花贵妃"等美称。现在，人们还发现海棠具有改善空气质量的作用，对二氧化硫（liú）等污染物具有较好的吸收能力，于是便把海棠种植在城市街道旁和绿地上。

紫荆（jīng）花

春分时节，紫荆花似乎也闻到了春日的气息，一簇簇、一串串地开满了枝头。紫荆花喜欢温暖潮湿的环境，它的花期很长，3～4月是最佳的观赏期。

香港特别行政区区旗就是红底加上白色的紫荆花图案，紫荆花的五片花瓣（bàn）上有五颗红色五角星，代表着五星红旗。2022年是香港回归祖国25周年。

一方水土一方人

竖　蛋

每年春分的这一天，很多人都会玩"竖蛋"游戏。玩法简单易行、富有趣味：选择一个匀称的新鲜鸡蛋，轻手轻脚地使其在桌上竖起来。春分成了竖蛋游戏的最佳时光，故有"春分到，蛋儿俏"的说法。

放风筝

春分时节是孩子们放风筝的好时候，尤其是春分当天，大人们也都纷纷参与。

粘（zhān）雀子嘴

春分这一天，按习俗，每家每户都要吃汤圆，还要把多个煮熟的汤圆用细竹叉串好放在田边，防止麻雀破坏庄稼，故称粘雀子嘴。

二十四道风味——春分菜

春分时节，野生春菜长势极好。我国自古就有"春分吃春菜"的传统。春分菜不是具体指某一种蔬菜，而是这个节气前后茁（zhuó）壮生长的一类绿叶菜。把鲜嫩的春菜夹到沸腾的鱼片汤里涮（shuàn）两遍，捞起来，放到嘴边吹上几口气，便可品尝到春分时节嫩叶的美味。

节气时蔬——荠菜

荠菜是一种野菜，也叫白花菜、荠荠菜、干油菜等。初春，正是荠菜萌发长叶的好时节，采摘嫩叶凉拌一下，便是一道别具风味的菜肴。江浙一带还喜欢用它制作馄饨馅儿。荠菜的角果形状非常别致，呈倒三角形。在英语里，荠菜被称为"牧人的钱包"，形容的就是它的果实形状。

神奇的中草药

荠菜含有丰富的粗纤维，能促进人体肠道蠕动。因为含有大量的胡萝卜素，荠菜还能起到保护眼睛的作用，平时多吃可预防夜盲症。

春分推荐时蔬：荠菜、香椿、豆芽、莴笋、韭菜。

爷爷的农事经

春分农事歌

春分风多雨水少，土地解冻起春潮。

稻田平整早翻晒，冬麦返青把水浇。

爷爷说，春分在每年的3月20日前后，这一天恰是春季的一半，当天的白天和晚上时长相同，故有"春分者，阴阳相半也，故昼夜均而寒暑平"的说法。这个时候，水汽慢慢增多，日照时间变长，气温也回升了，人们开始植树造林了。春分时节，许多果树都进入了开花期，为了防御（yù）晚霜冻害，可以在早春进行灌溉，改善果园的小气候。此时，长江中下游地区的春茶也已经开始抽芽，及时追施肥料，防治病虫害，可以使茶叶优质丰产。

春分农事：抓紧春灌，
追施肥料，防病虫害，
排涝防渍（zì）。

◎春分阴雨天，春季雨不歇。

◎春分秋分，昼夜平分。

◎春分早报西南风，台风虫害有一宗。

◎春分麦起身，一刻值千金。

35

扫一扫，写下你的金点子。

早在四千年前，我国就有了春分竖蛋的传统。最初是为了庆祝春天来临，故有"春分到，蛋儿俏"的说法。演变到今日，竖蛋成了春分的最佳游戏。"竖蛋"游戏玩法很简单，选择一个匀称的新鲜鸡蛋，轻手轻脚地使其在桌上竖起来。据说春分这一天，昼夜等分，蛋特别容易竖立。你知道其中的奥秘吗？让我们赶快去试试吧！

制作五彩蛋袋

材料：彩色棉线（或彩色绳子）、靠椅、生鸡蛋。

步骤：

❶ 将一条棉线系在靠椅的两端，将另外8条棉线对折搭在这条棉线上，并打上第一层结。

❷ 把相邻的棉线系在一起。

❸ 把最两端的棉线系在一起，形成圆筒形收口。一直往下编织，按上面的方法将相邻的棉线依次系在一起，编织成网状。

❹ 打了五层结后收口，与系绳子的方法一样。最后装进鸡蛋收紧就可以啦！

科普链接

竖蛋绝招

1. 挑选匀称、新鲜的鸡蛋，将大头朝下，这样重心较低，容易保持平衡。2. 鸡蛋的表面其实是高低不平的，根据三点确定一个平面，只要找到三个合适的支点，就能使鸡蛋竖起来了。3. 竖蛋时，手要尽量保持不动，让蛋黄慢慢沉到鸡蛋下部，这样重心就足够低，有利于保持平衡。

节气文化驿站

诗词鉴赏

春 风

[唐] 白居易

春风先发苑中梅，
樱杏桃梨次第开。
荠花榆荚深村里，
亦道春风为我来。

中医药文化

运气学说

运气在古代最早的意思与现代常见的理解有所不同，是对自然界万物运动气化规律的简称。运气学说是世界上最早通过天文气象来预测灾害的学说。其基本原理是，以阴阳五行学说为基础，运用六十甲子天干地支等符号作为演绎（yì）工具，来

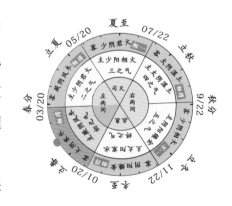

推论气候变化规律及其对人体健康和疾病的影响。比如，按照运气学说的推算，2020年为庚子年，年初应为暖冬，但实际却异常寒冷，气候反常极易导致瘟（wēn）疫暴发，这正好与新冠疫情相对应，十分神奇！

健康语录：春分到，昼夜分，麦起身。多运动，少吃辣，不减衣，防感冒。

天鼓式

春分日升二元平，春夏之机旧病除。
兴阳温阳灸命门，脾胃强健醋泡姜。
春来最喜豆芽菜，清热除湿火不生。
玉枕天鼓齐奔腾，肾气充足耳目聪。

扫一扫，
看视频，
学做节气操。

动作要点

向前屈伸，用食指敲（qiāo）打玉枕穴和风池穴。

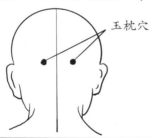

玉枕穴

玉枕穴位置：位于当后发际正中直上2.5寸（约三个手指并列的宽度），旁开1.3寸（约两个手指并列的宽度），平枕外隆凸上缘的凹陷处。

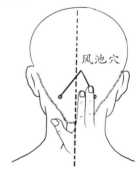

风池穴

风池穴位置：位于头额后面大筋的两旁与耳垂齐平处。

节气操与健康

　　此操适合在春分时节做。春分那一天，白天和黑夜时间等长。这个时节，我们可以多吃醋泡姜，使脾胃变得更健康。春天多吃豆芽菜，不仅可以清热解毒，还可以去湿气。天鼓式节气操有醒脑补肾的作用，可以使我们耳聪目明，牙齿坚固。

清明时节雨纷纷——清明

节气说

　　清明是二十四节气中的第5个节气，也是我国的传统节日之一。在二十四节气中，既是节气又是节日的只有清明。此时正值仲春与暮春之交，天气晴朗温暖，草木返青，人们在和煦的微风中踏青、祭祖。但南方地区常常时阴时晴，雨量较为充沛，因此会出现连绵的阴雨天气。清明节，又称踏青节、行清节、三月节、祭祖节等。清明节是传统的重大春祭节日——扫墓祭祖、缅怀祖先。扫墓时，人们将祭品摆放在亲人墓前，为坟墓培上新土，折几枝嫩绿的新枝插在坟上，然后磕（kē）头祭拜。直到今天，清明节祭拜祖先、怀念已逝亲人的习俗仍然盛行。

时间 胶囊

20（　　）年
（　　）月（　　）日

节气档案

时间：4月4、5或6日。

寓意：缅怀先祖，万物吐故纳新。

穿衣：薄针织衫、T恤、薄外套。

今日气温

天气风暴瓶

我的身高是（　　）厘米

一候　桐始华

清明到，桐花开。清明时节，气温逐渐升高，日照时间变长，各种各样的花儿竞相开放，泡桐花也迫不及待地盛开了。远远看去，盛开的泡桐花就像一个个紫色的、白色的小喇叭。在阳光照射下，满树的泡桐花散发出阵阵清香。没一会儿，小蜜蜂就被这花香吸引过来了。

二候　田鼠化为鴽（rú）

田鼠通常在地下或树根、岩石缝隙中做窝。到了农历三月，田鼠为了躲避（bì）烈日照射，会躲进窝中避暑，不再出来活动。而此时，喜好阳光的小鸟却叽叽喳喳地在树枝上跳来跳去，随处可见。因此，古时候的人们误以为清明时节的田鼠全都变成了小鸟。

三候　虹始见

彩虹是非常美妙的自然现象，一般出现在夏季的雨后。彩虹的出现需要雨水、阳光、温度的共同作用。清明时节雨纷纷，如果雨后的天空云朵稀少，就可以见到七色彩虹了。

一花一草一世界

泡桐花

春来紫花满树开，一串串盛开的泡桐花挂在枝头，远远看去就像一个个紫色的、白色的小喇叭。在阳光的照射下，满树的泡桐花散发出阵阵清香。

泡桐花是清明的节气之花。它提示人们，清明之前的春日美景是最绚（xuàn）烂的，接下去春天便快要离去，天气逐渐转热，夏天即将到来。

垂　柳

"碧玉妆成一树高，万条垂下绿丝绦（tāo）。"

柳树是一种多年生的乔木，生长期较长。春天来了，你知道柳树什么时候会吐出新芽吗？

柳树生命力强，易繁殖，"无心插柳柳成荫"便是最好的佐证。柳树枝条细长，柔软下垂，就像垂挂下来的绿色丝带。春风吹过，柳条随风摇曳，美不胜收。

一方水土一方人

踏 青

清明时节，正是春暖花开、草长莺飞的时候。人们纷纷走出家门，到野外欣赏美丽的春色。

荡秋千

清明节荡秋千，是流传已久的古老习俗。最早的秋千由树枝做成，再系上彩带。后来逐渐发展成两根绳索加上踏板的秋千。荡秋千不仅能锻炼人的胆识，还能强身健体，至今仍深受人们的喜爱。

拔 河

拔河是人们常玩的一种游戏。事实上，这项活动在春秋时期就已经盛行，最早被称为"牵钩"，到唐代时才开始叫"拔河"。唐玄宗时，曾在清明节举行大规模的拔河比赛，从那时起，拔河就成为清明节的习俗，一直流传至今。

舌尖上的健康

二十四道风味——清明团

清明团是江南人家在清明节吃的一道传统点心。古时候，人们做青团主要用来纪念祖先。虽然青团流传千百年，外形一直没有变化，但现在它纪念祖先的传统已日益淡化，而是成了一道时令小吃。采摘这个季节萌发的艾草嫩叶，洗净、焯水、捣碎后，将天然的绿色艾草汁拌进糯米粉里，揉捏成韧性十足的糯米团，再包裹进豆沙馅儿或蔬菜馅儿等，或甜或咸，就做成了带有清淡的青草香气、深受大家喜爱的青团。

节气时蔬——蕨（jué）菜

蕨菜又叫吉祥菜、龙爪菜。蕨菜叶芽、嫩茎营养丰富，富含人体需要的多种维生素，被称为"山野菜之王""雪果山珍"。新鲜的蕨菜带有较重的苦涩味，食用前需要焯水，再浸入凉水中，以除去涩味。需要注意的是，蕨菜虽营养丰富，但也含有一种会致癌的原蕨苷，因此需适量适当食用。蕨菜属于绿色不开花植物，靠孢（bāo）子繁殖后代。七八月份的时候，在蕨菜羽状复叶的背面可以看到红褐色的孢子囊（náng）。

> **神奇的中草药**
>
> 蕨菜是一种中药材，有清热解毒、利尿的作用。它还有减肥瘦身的效果。

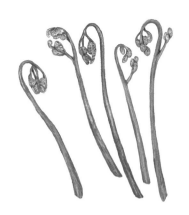

清明推荐时蔬：豆芽、豌豆苗、蒜苗、芦笋、荠菜。

清明农事歌

清明春始草青青，种瓜点豆好时辰。

植树造林种甜菜，水稻育秧选好种。

　　爷爷说，清明节既是二十四节气之一，也是传统祭祖节日。它不仅在农业生产方面具有指导作用，同时还影响着人们的衣食住行，甚至是文化观念。"清明时节雨纷纷"，清明前后，春雨飞洒，种植树苗成活率高、成长快，因此就有了清明植树的习惯，也有了"清明前后，种瓜点豆""植树造林，莫过清明"的农谚。东汉崔寔（shí）的《四民月令》中记载："清明节，命蚕妾，治蚕室。"这说明清明也是开始准备养蚕的时候。

清明农事：肥水管理，病虫防治，耘田施肥，蔬菜播种。

◎清明响雷头个梅。

◎清明有霜梅雨少。

◎清明有雾，夏秋有雨。

◎清明无雨旱黄梅，清明有雨水黄梅。

扫一扫，
写下你的
金点子。

清明时节，草长莺飞，温度适宜，正是出游的好时候。小朋友们喜欢在宽阔的草地上放风筝。各式各样的风筝在天空中飞翔，真美啊！

我们可以尝试自己动手做风筝。想一想：风筝为什么能飞上天呢？

自制吸管风筝

材料：塑料袋、吸管、透明胶带、彩色笔、棉线等。

步骤：

❶ 找两根长短不同的吸管，长的竖着放，短的横着放。

❷ 将这两根吸管交叉固定成十字形，在吸管交叉处打孔，把线从孔中穿进去，这样风筝的框架就形成了。

❸ 取一只塑料袋，按吸管框架大小剪成菱（líng）形，固定在框架上。

❹ 将塑料袋的剩余部分做成尾巴，然后画上眼睛和嘴巴就可以了。（还可以进行其他创意设计和美化哦）

科普链接

风筝飞上天，其实是借助了风的力量。仔细观察就会发现，在有风的日子里，人们都是逆风放飞风筝的。这样，风从前面吹到风筝上，风筝上面的空气压力小，下面的空气压力大，产生了升力，于是风筝被送上了高空。风筝的后面一般都有一条长长的尾巴，加上这条尾巴不仅仅是为了好看，还可以起到平衡（héng）的作用。

诗词鉴赏

清 明

[唐] 杜牧

清明时节雨纷纷，

路上行人欲断魂。

借问酒家何处有，

牧童遥指杏花村。

中医药文化

藏（zàng）象学说

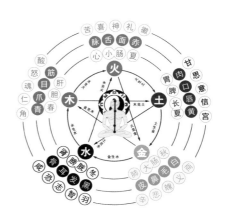

"藏"指藏于体内的脏腑，"象"即象征和形象。藏象学说，就是通过观察人体的外部征象来研究脏腑的生理功能、病理变化及其相互关系的一门科学。它是祖国医学理论体系的核心，是辨证论治的基础，在临床实践中有较普遍的指导意义。比如，藏象学说认为内在的肺脏开窍于外在的鼻子，因此如果出现打喷（pēn）嚏（tì）、流鼻涕等症状，一般都从恢复肺脏功能的角度来进行治疗。

健康语录：清明至，气温升，雨量多。勤通风，多运动，食蔬果，防过敏。

握固式

按压风府去风邪，疏通肝火太冲穴。
二月春韭清炒妙，清明除火好意向。
早晨清饮桃花水，瘦身曼妙清雅人。
握固练拳固肝胆，除风邪热无瘟病。

扫一扫，
看视频，
学做节气操。

动作要点

两手握拳，交替冲拳，变拳为掌，便握固手，先收大拇指，再收其余四指。

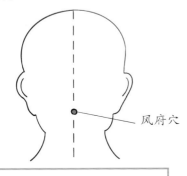

风府穴

风府穴位置：位于头顶正中线与两耳垂连线的交点处。

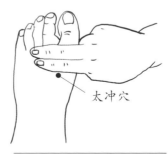

太冲穴

太冲穴位置：位于脚背，在大脚趾与第二脚趾相连的凹陷处。

节气操与健康

此操适合在清明时节做。按压风府穴可以缓解头痛，按压太冲穴对肝脏有好处。清明时节，清炒韭菜不仅好吃，还可以去火。常做握固式节气操，不仅有益于我们的肝脏，还能预防感冒，缓解发热症状。

谷雨如丝复似尘——谷雨

节气说

　　谷雨是二十四节气中的第6个节气，也是春天的最后一个节气，意味着春天已经进入尾声。关于谷雨节的来历，据《淮（huái）南子》记载，是一件惊天动地的大事。黄帝在春末夏初发布诏（zhào）令，宣布仓颉（jié）造字成功，并号召天下臣民共同学习。这一天，下了一场不平常的雨，落下无数的谷粒，后人因此把这天定名为谷雨，成为二十四节气中的一个。谷雨意即"雨生百谷"，谷雨到来，气温回升，雨水增多，是播种移苗、种瓜点豆的最佳时节。

时间 胶囊

20（　　）年
（　　）月（　　）日

节气档案

时间：4月19、20或21日。
寓意：寒潮结束，气温回升加快。
穿衣：夹克衫、棉T恤、运动衫。

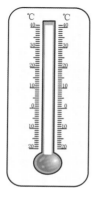

今日气温

天气风暴瓶

我的身高是（　　）厘米

童言三候

一候 萍始生

谷雨时节，雨水变多，喜欢潮湿的浮萍快速生长。在短短的几天里，我们就可以看见池塘、湖泊、水田等水域长出成片的绿油油的浮萍，仿佛漂在水上的一块美丽画布。

二候 鸣鸠拂羽

鸠即布谷鸟，小巧玲珑，羽毛颜色光鲜亮丽，自古以来就是人们的好朋友。每年谷雨来临，布谷鸟就按捺（nà）不住满腔的热情，放声鸣叫起来。"布谷、布谷"的叫声，就像是在提醒人们该"播谷"了，不要耽误播种。

三候 戴胜降于桑

戴胜鸟是比布谷鸟还要漂亮的小鸟，头上长有宽大的扇子形状的羽冠，颜色呈棕红色或粉红色，里面还有黑斑或白斑，仿佛一顶绝美的皇冠，所以人们也叫它鸡冠鸟。谷雨时节，戴胜鸟经常待在桑树的

枝头。它虽然叫起来声音不太好听，可满身的漂亮羽毛却能吸引人们的眼球。人们看到戴胜鸟，就会开始采摘桑叶，准备养蚕了。

牡丹花

春风吹醒了大地上的花草树木，4月，牡丹花也争先恐后地绽开了。牡丹是中国名花之一，素有"花王"之称。牡丹是彭州、洛阳、菏泽、铜陵（líng）、宁国、牡丹江市的市花。每年4月5日前后至5月5日前后为"中国洛阳牡丹文化节"。

神奇的中草药

牡丹不仅是一种美丽的观赏性花卉，还是一种名贵的药材。牡丹根皮可入药，称为牡丹皮。牡丹皮有抗菌、消炎、抗过敏、抗肿瘤、止血等功效。

紫藤（téng）花具有解毒、止吐泻（xiè）的功效，还可以提炼芳香油。

紫藤花

晚春时节，紫藤架上开满了一朵朵紫色的花儿。远远望去，紫藤架上一片淡紫色。再近些看，那一簇簇紫藤花好像一串串葡萄挂在架上。

在河南、山东、河北一带，人们常采摘紫藤花蒸食，清香味美。北京的"紫萝饼"就是加入了紫藤花做成的。

一方水土一方人

走谷雨

古时候的谷雨这一天，青年妇女会走街串亲戚，或到野外走走，即"走谷雨"，有着与大自然相融合、强身健体的寓意。

赏牡丹

谷雨前后，牡丹花开，牡丹花也被称为谷雨花、富贵花。

"谷雨过三天，园里看牡丹。"谷雨时节赏牡丹的习俗已流传千年。古时习俗，凡是有花之处，都有仕女游观，还有在夜间悬灯，宴饮赏花的活动，称为"花会"。山东菏泽等地多于谷雨时节举行牡丹花会，供人们游乐聚会。

谷雨祭祀文祖仓颉

"谷雨祭仓颉"是汉代以来流传千年的民间传统。相传在黄帝时代，仓颉造字成功之日正值国家战乱，民不聊生。天帝感其功德，便下了一场谷子雨，拯救了黎民百姓。仓颉死后，人们为了纪念他，便把下谷子雨的这一天作为一个节日，称为谷雨节。直到今天，很多地区都会举行大型的祭祀活动，来缅怀文字始祖仓颉。

舌尖上的健康

二十四道风味——谷雨茶

　　清明之后，立夏之前，是采茶的最佳时节。在江南，谷雨当天还流传着采摘谷雨茶的习俗。谷雨茶又叫二春茶，因为谷雨前后温度适宜，雨量充沛，茶梢芽叶肥硕，叶质柔软，含有较多的维生素和氨基酸，算得上是茶中上品。谷雨茶喝起来口感醇（chún）香绵和，有温凉去火的功效，还能健牙护齿，杀菌消毒。正是因为这样，所以在出产茶叶的南方，都有着谷雨节气采摘谷雨茶的习俗——不管这一天的天气如何，人们都会去茶山采摘一些新茶回来喝，以祈求健康。

节气时蔬——苋（xiàn）菜

　　你见过能炒出红汤的蔬菜吗？没错，那就是红苋菜。苋菜是一种营养价值极高的蔬菜，含有较多的铁、钙等矿物质，同时含有较多的胡萝卜素和维生素C，民间有"六月苋，当鸡蛋；七月苋，金不换"的说法。一碗白米饭，一勺红汤，晶莹的米饭变得紫红鲜艳，好看又美味，能极大地激发人们的食欲。

神奇的中草药

　　苋菜不仅是一种营养价值极高的蔬菜，还是一味中草药，具有清热解毒、利尿通便的功效，还可以治疗痢（lì）疾和疮毒。

谷雨推荐时蔬：西葫芦、蕨菜、水芹菜、马齿苋、豆芽。

爷爷的农事经

谷雨农事歌

谷雨雪断霜未断，杂粮播种莫迟延。

家燕归来渹头水，苗圃枝接耕果园。

爷爷说，谷雨是春季的最后一个节气，这时田中的秧苗初插、作物新种，最需要雨水的滋润。谷雨节气后降雨增多，空气湿度逐渐加大，非常适合谷类作物的生长，也有利于越冬作物的返青拔节和春播作物的出苗。此时，南方地区"杨花落尽子规啼"，柳絮（xù）纷纷掉落下来，空气中都是纷飞的柳絮，容易过敏的人要注意佩戴口罩；在北方地区，谷雨是"终霜"的象征，北方省份的大部分初雷都出现在谷雨节气。

谷雨农事：播种移苗，种瓜点豆，防治病害，插秧育苗。

◎谷雨栽上红薯秧，一棵能收一大筐。

◎谷雨是旺汛，一刻值千金。

◎谷雨到立夏，就把小苗挖。

◎谷雨麦挑旗，立夏麦头齐。

扫一扫,
写下你的
金点子。

节气实践园

很多人都有喝茶的习惯。我们经常听到这样的说法:茶水是碱(jiǎn)性的,与我们血液的 pH 相近,有很好的养生保健功效。茶水真的是碱性的吗?今天,我们就来探究一下!

测试茶水的 pH

材料:茶叶、开水、烧杯、玻璃棒、pH 试纸。

步骤:

① 在烧杯中放入适量茶叶。

② 用 100 毫升开水冲泡。

③ 分别在冲泡后 5 分钟、10 分钟、15 分钟、20 分钟、25 分钟、30 分钟,用玻璃棒蘸取一些茶水,滴到 pH 试纸上。

④ 等 pH 试纸显色后,与标准比色卡进行比较,读出 pH。

科普链接

绿茶的一般制作过程

1. 采摘:茶叶要求一芽一叶,留柄要短。2. 摊放:及时摊放,厚度均匀,不可翻动,避免阳光直射。3. 杀青:通过高温进行杀青。4. 理条:杀青后,逐渐提高转速,直至锅内温度降低,时间为 3 分钟。5. 干燥:通过摊、烘、炒等方式进行干燥。6. 保存:放入冰库,温度 0~5℃。从冰库取出茶叶,3 小时后打开,进行包装。

诗词鉴赏

咏廿四气诗·谷雨三月中

［唐］元稹

谷雨春光晓，山川黛色青。

叶间鸣戴胜，泽水长浮萍。

暖屋生蚕蚁，喧风引麦葶。

鸣鸠徒拂羽，信矣不堪听。

中医药文化

经络学说

经络学说，是研究人体经络的生理功能、病理变化及其与脏腑相互关系的学说。经络学说认为，经络主要分为十二经脉、奇经八脉、十五别络，以及从十二经

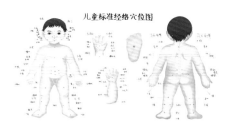

儿童标准经络穴位图

脉分出的十二经别，人体通过这些经络把内外各组织器官联系起来，像画格子一样把人体连接成一个整体。有趣的是，神奇的经络经常被各种武侠小说刻画，比如金庸（yōng）笔下的武功"六脉神剑"，就是源自人体十二经脉中的六脉——手太阴肺经、手阳明大肠经、手少阴心经、手少阳三焦经、手厥（jué）阴心包经、手太阳小肠经。

健康语录：谷雨至，寒潮去，防受冷，避雨淋，健脾胃，养肝血。

嘻托式

春思难遣谷雨长，理气通关茉莉花。
调脾养胃腰腹收，玫瑰精油益天枢。
风寒受之头面痛，双手上托气冲天。
谷雨地阳升不尽，三焦嘻出能消热。

扫一扫，
看视频，
学做节气操。

动作要点

两手托掌至膻（dàn）中穴，翻掌向上，口呼"嘻"字，3秒完成。

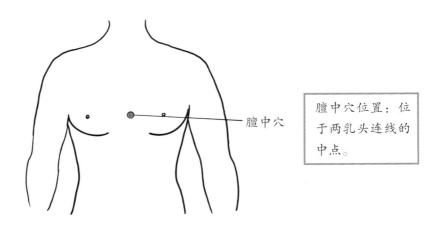

膻中穴

膻中穴位置：位
于两乳头连线的
中点。

节气操与健康

此操适合在谷雨时节做。常做嘻托式节气操，可以让我们的身心得到放松，使我们的脾胃更加健康；不仅能预防头痛感冒，还能让我们的心情变得更好。

健康乐园

春天，小草睁开了朦胧的睡眼，从泥土里探出了小脑袋，嫩嫩的，绿绿的。春姑娘提着花篮，穿着彩色连衣裙，悄悄地来到了人间。春天像一位魔术师，让大自然充满了活力。小朋友，告诉你一个小秘密，春天是你长高最快的季节！那你知道在春天应该怎么做，才能让自己长得更高、变得更健康吗？

春天到，春天到，
花儿朵朵开口笑。
草儿绿，鸟儿叫，
蝴蝶蜜蜂齐舞蹈。

我的好习惯

　　春雷一声响，沉睡在土地里的虫子都醒了过来，大自然告诉我们冬天走了。天气虽然变暖了，但还是要多穿衣服，不能太早脱掉棉衣哦。太阳公公出来的时候，中午可以多晒晒太阳，养成早睡早起的好习惯。在屋内要多开窗户，让新鲜的空气进来，少去人多的地方。

　　现在，我们身边有一种新发现的病毒，肉眼看不到它们。但是在显微镜下，科学家发现它们的形状好像皇冠一样，所以称它们为"新型冠状病毒"。虽然它们是一种病毒，但是不用害怕，只要我们养成勤洗手、多通风、戴口罩的好习惯，你也可以成为守护自己和家人健康的小卫士。

你知道"七步洗手法"和正确戴口罩的方法吗?

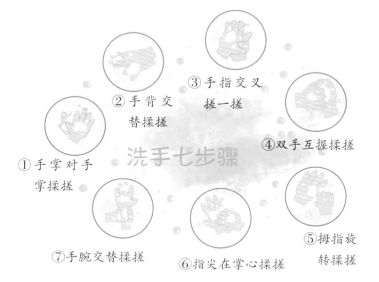

① 手掌对手掌揉搓
② 手背交替揉搓
③ 手指交叉搓一搓
④ 双手互握揉搓
⑤ 拇指旋转揉搓
⑥ 指尖在掌心揉搓
⑦ 手腕交替揉搓

洗手七步骤

洗手歌

小脸盆，水清清，
小朋友们笑盈盈，
小手儿，伸出来，
洗一洗，白又净，
吃饭前，先洗手，
讲卫生，不得病。

用流动的水和肥皂（或洗手液）洗手，时间不少于20秒，大概是唱一首《生日快乐歌》的时间，洗完手还要擦干哦!

①打开小口罩

②双手推拉向面部

③双手上下拉口罩

④金属条按压好

⑤口罩和面部贴合

去公共场所记得戴口罩，可以预防呼吸道传染性疾病、过敏，或避免吸入大量有害物质。

小朋友，你知道我们的身体各时间段都在干什么吗？在这些时间段，我们应该养成怎样的好习惯呢？

卯时（5：00—7：00）：

身体吸收食物中的水分和营养、排出废物的时间。所以，清晨起床后最好先喝杯温开水，然后把前一天积攒下来的废物都排出体外。

未时（13：00—15：00）：

身体排毒降火的时间，这个时候我们要多喝水。

亥时（21：00—23：00）：

这一时间段应进入睡眠状态，能最大限度地让身体得到休息和放松，才能有益于身体健康。

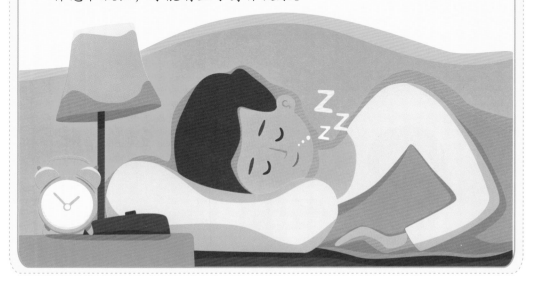

我运动，我健康

春天如期而至，亲近大自然的机会来了，让我们和小伙伴一起去户外玩耍吧！春天多做运动，可以让我们更快地长高，跑步、打篮球、跳绳等都是适合春天做的运动。

跳绳是我国一项古老的运动。在古代，人们把跳绳叫作"跳白索"。跳绳是一项全身性运动，可以让我们的手脚更好地配合。跳绳对健康的好处可多了：可以使我们充满活力、记忆力增强，也有助于骨骼（gé）生长，增强抵抗力，还能避免我们成为"小胖墩（dūn）"呢！刚开始跳绳时可以跳得慢一些，时间短一些，然后逐渐增加。跳绳有很多种花样，主要有单人跳、双人跳和跳大绳。是不是觉得跳绳很有趣呢？赶快动起来吧！

阿嚏

　　春季锻炼时，身体出汗多，此时受凉的话，容易感冒，甚至引发呼吸道疾病，因此不宜马上脱去外套，应等到身体微热时再减衣。锻炼后要擦干汗液，及时穿好衣服。

安全小广播

　　冬去春来，万物复苏，我们去外面活动的机会增多了，这也增加了我们受伤的危险，比如跌倒、扭伤、出血等。小朋友，去户外玩耍时，我们应该怎样远离危险呢？

　　◎为了防止运动时跌倒和扭伤，要选择合适的运动场所。平坦的或没有树木、路灯和电线的地方相对比较安全，比如广场或公园的草地。

　　◎和小伙伴追逐玩耍时要慢慢跑，小心脚下，否则容易被绊倒。

　　◎放风筝的时候要小心风筝线，因为线很细，容易割（gē）伤皮肤引起出血；不要在高压电线附近放风筝。

小朋友，如果你发现身上长了红斑点并且痒痒的，那你很可能是过敏了，要立刻告诉家长和老师。我们应该怎么远离过敏呢？

春季防过敏小知识

①适当运动，提高抵抗力。

②及时更换衣服，勤洗澡，讲卫生。

③远离让我们过敏的东西，比如花粉、动物毛发、海鲜、牛奶等。

节气生活通

春季食养

孙思邈（miǎo）在《千金方》中记载，春天宜"省酸增甘，以养脾气"。

春天，我们容易出现肠胃不适的症状，所以饮食要清淡可口，少吃辛辣、油腻的食物，多吃对我们的肝脏和脾胃有好处的食物，还可以吃一些红枣、红薯来增强我们的脾胃功能。

塔菜又称菊花菜，是一种草本植物。以嫩茎叶供食用，具有特殊的芳香味，味苦、辛，性凉，有清热解毒、凉血、降血压、调中开胃的功效。

紫苏是一种草本植物，叶片呈紫色或绿色，四棱形，叶片上有绒毛。紫苏可供药用和作为香料，有镇痛、镇静、解毒、治感冒、祛痰、平喘的功效。

疏风解郁茶

原料：玫瑰花 1 克，薄荷 1 克，绿茶 3 克。

玫瑰花：味甘、微苦，性微温。有行气解郁、和血、止痛之效。《本草再新》记载，玫瑰花能"舒肝胆之郁气，健脾降火。治腹中冷痛、胃脘（wǎn）积寒，兼能破血"。

薄荷：味辛，性微凉。有"舒风解郁第一药"的美誉。《本草新编》记载："薄荷不特善解风邪，尤善解忧郁。用香附以解郁，不若用薄荷解郁更神也。"

绿茶：味苦、甘，性凉。有清头目、除烦渴、化痰、消食、利尿、解毒之效。《随息居饮食谱》记载，绿茶能"清心神，凉肝胆，涤热，肃肺胃"。

春季生活小习俗

山满楼观柳

春来柳先翠。绿柳是报春的使者，美的化身。成片柳林，绿绦如瀑（pù），百柳成行，千柳成烟，幽（yōu）藏鸟鸣，独具韵味。初春时节，柳枝上鼓起的嫩芽，更是给人们带来了无限的希望。三月初的西湖，万物欣欣萌动，正是赏柳的好时节，因此有北宋文学家、书法家苏轼（又称"东坡居士"，世称"苏东坡"）"山满楼观柳"的传说。

清明养生

清明有上清下明之意，即天气清、地气明。天气清对应人体心肺清。地由厚土构成，土对应脾，主肉。地气明即人体各部位随清明之时如大地草木推陈出新般处于"明"的状态。艾叶是植物界的"阳中之阳"，在端午时阳气达到巅（diān）峰。春天的嫩艾并不是药效最好的，但取其正在生发的嫩阳，正好可以用来养肝气。五脏中对应"阳中之阳"的是肝，春主肝，是用艾来入肝脾的好时机。艾叶温补，祛寒湿，春天南方湿气重，容易肝脾不和，此时吃一点嫩艾是极合时宜的事情，尤其是用艾叶做的青团，它不仅是一道美食，还能起到养生保健的作用。

禁杀"五毒"

"五毒"指的是蛇、蝎、蟾蜍、蜈蚣、壁虎，谷雨节气流行禁杀五毒的习俗。谷雨后，气温升高，病虫害进入高繁衍期，为了减轻病虫害对作物及人畜的伤害，农家会一边灭虫，一边张贴谷雨贴，以祈祷驱凶纳吉。

谷雨摘茶

传说喝了谷雨这天采摘的茶能清火、明目等。在南方，谷雨节气这一天，人们会去茶山采摘一些新茶回来喝。

春季温度适中，雨量充沛，加上茶树经过冬季的休养生息，此时的春梢芽叶肥硕，色泽翠绿，叶质柔软，富含多种维生素和氨基酸，制作而成的春茶滋味鲜活，香气怡人。谷雨茶除了嫩芽外，还有一芽一嫩叶或一芽两嫩叶的。一芽一嫩叶的茶叶泡在水里像古代展开旌（jīng）旗的枪，被称为旗枪；一芽两嫩叶的茶像雀类的舌头，被称为雀舌。谷雨茶与清明茶"莲心"同为一年之中的佳品。

木音（角声）

扫一扫，
听木音。

《黄帝内经》与《史记》记载，"始五音皆正音者——故音乐者，所以动荡血脉，通流精神而和正心"。

在中医里，五音分属五行，即木（角）、火［徵（zhǐ）］、土（宫）、金（商）、水（羽）。五脏可以影响五音，五音可以调节五脏。角、徵、宫、商、羽，五音调和搭配，对人体有着不同的作用。

春属肝，五行属木，木音为角声，对应人体的肝、胆。

木音旋律古朴，中国八千五百多年前的贾湖骨笛文化和六千多年前的古埙（xūn）文化是其重要代表。据考证，中国在极原始的时期，人们就注意到音乐可使人放松身心，有利于健康。

木制的乐器，如古箫、竹笛的原始之声，舒展、深远、悠扬，飘逸若仙，高而不亢，低而不臃，连绵不断。其声波可以入肝、胆之经，疏肝沥胆，保肝养目，平和血压，夜间休憩（qì）前听有助于宁心安神，对睡眠质量差的人有很好的调理效果。

最佳欣赏时间：19：00—23：00。

夏

说文解字

　　夏季，万物在一片欣欣向荣中肆（sì）意生长。"夏"字在甲骨文中的本义是雄武的中国人，其形象如同一个张开双手拥抱太阳的人，呈现出一种强有力的架势，就如同夏天一样充满了无限的活力和生机。

　　小篆中的"夏"字也呈人形，虽然发生了一定的变化——人的身躯部分没有了，但是一只大大的脚还在，看起来就像是将根深深扎入地下汲（jí）取营养和水分的大树，拥抱着热烈的阳光，将绿荫延伸至更远的地方。

| 甲骨文 | 金文 | 小篆 | 隶书 | 楷书 |

蝼蝈聒噪王瓜茵——立夏

节气说

　　立夏是二十四节气中的第7个节气，也是夏季的第一个节气。立夏的到来，预示着炎热的夏天即将拉开帷幕。立夏以后，温度继续升高，同时伴随着雷雨天气。此时，春天播种的农作物已经长大，进入了生长的旺季。夏收作物进入生长后期，冬小麦开花了，果实逐渐饱满起来，油菜接近成熟。在南方，人们忙着种水稻，其他春播作物的管理也进入大忙季节。在古代，立夏是一个传统的岁时节日，江浙一带有立夏吃花饭的习俗，也叫"吃补食"。民间还有"立夏吃蛋，石头都踩烂"的说法，意思是立夏时吃鸡蛋、鸭蛋等可以增强体质，还可以耐暑。

时间 胶囊

20（　　）年
（　　）月（　　）日

节气档案

时间：5月5、6或7日。

寓意：告别春天，夏天开始了。

穿衣：短套装、休闲服、T恤。

今日气温

天气风暴瓶

我的身高是（　　）厘米

一候　蝼（lóu）蝈（guō）鸣

初夏时节，气温变得温暖又潮湿，有一种被叫作"土狗"的虫子——蝼蝈开始大量出现。蝼蝈独特的鸣叫声仿佛在宣布，夏天已经开始啦！

二候　蚯（qiū）蚓（yǐn）出

由于地下温度持续升高，躲在地底下的蚯蚓也耐不住性子了，想要出来凑凑热闹，从地下爬到地面上来呼吸新鲜空气了。

三候　王瓜生

具有体型肥大、呈纺（fǎng）锤形的块根，长有柔软细短茸毛的王瓜在六七月便会结出红色的果实。在立夏时节，它铆足了劲快速攀爬生长。过不了多久，具有药用价值的王瓜就会长大成熟。

一花一草一世界

三色堇（jǐn）

三色堇的花朵通常有紫色、白色、黄色三种颜色，是波兰的国花。三色堇喜欢日光照射，充足的光照时间是促使其开花的重要因素，因此在栽培过程中要保证它每天能接受不少于4小时的直射日光。

三色堇又名蝴蝶花。晚上，三色堇卷成毛毛虫的形状，叶子也缩进去了。白天，它又"破茧成蝶"，接受阳光的照拂和雨露的滋润。

铃　兰

铃兰又名君影草、山谷百合、风铃草，是多年生草本植物。铃兰开白色穗（suì）状花，在微风中摇曳，看起来很像风铃，所以又叫风铃草。铃兰象征纯洁、幸福，常被人们作为盆栽养在家中。

铃兰全草可入药。夏季果实成熟以后，就能将铃兰晒干作为药材。它有强心、利尿、改善睡眠的作用。铃兰还具有一定的除尘作用，可以吸收空气中飘浮的微粒。更值得一提的是，铃兰的香气能够让周围空气变得清新怡人，让人放松心情。

一方水土一方人

趣味斗蛋

斗蛋，是我国立夏特有的民间习俗。正如俗语所说，"立夏胸挂蛋，小人痊（zhù）夏难"。立夏这一天，家家户户都用彩线编织网兜，把煮好的鸡蛋放进网兜，挂在小孩的胸前。孩子们并不着急吃，而是三五成群地进行斗蛋游戏：蛋头撞蛋头，蛋尾撞蛋尾，最后未被撞破的蛋获胜，被称为"蛋王"。

立夏称人

立夏称人是我国一些地方的传统习俗。据说，到了立夏这一天，称体重不但可以抵御夏日的炎热，还可以免除疾病，为一家人带来好运。你知道吗，称小孩的时候要说："秤花一打二十三，小官人长大会出山。"打秤时要注意，只能从小的数字打到大的数字，不能弄反了，因为小朋友体重增加了，是好兆头。

立夏尝新

立夏是品尝美食的节日，以前称"立夏尝新"。在江南一带，立夏这一天会吃立夏饭。立夏饭一般由糯（nuò）米、香菇、瘦肉、笋和豌豆制作而成，寓意为五谷丰登，也有"立夏吃了五色饭，一年到头身体健康"的寓意。

夏

舌尖上的健康

二十四道风味——立夏饭

立夏饭又称为"野火饭"。江浙一带的人们喜欢在立夏这一天带上锅碗瓢（piáo）盆去野外，用笋丁、豌豆（或蚕豆）、鲜肉、香菇、糯米一起烹煮野火饭。吃立夏饭的传统，据说是对立夏时节田野里各种收获的回馈（kuì）。立夏吃乌米饭也是江浙一带的传统习俗。采摘山上的乌饭树叶，挤出汁液将米饭染成黑紫色，吃起来有独特的香味。民间还流传着"吃了乌米饭，蚊虫不叮咬"的说法。

神奇的中草药

蚕豆也是一味中草药，它有健脾、止血、利尿的功效。

节气时蔬——蚕豆

蚕豆，别名南豆、胡豆等。蚕豆营养价值较高，既可作为传统口粮，又是现代绿色食品和营养保健食品。春末夏初，蚕豆花落，结出饱满厚实的豆荚，这时的豆荚最为鲜嫩。在江浙一带，不少人家会将新鲜蚕豆跟大米一锅煮，称为"蚕豆饭"。油炸蚕豆更是一道可口的下酒小菜。油炸后的蚕豆，外壳微微张开，露出里面油汪汪的豆瓣，形状酷似一朵兰花，因此又有美名——兰花豆。鲁迅先生笔下的茴香豆也就是五香蚕豆，用茴香炖煮入味，软绵可口，不管是寻常百姓还是文人墨客都很钟情于它。

立夏推荐时蔬： 豌豆、莴笋、茄子、蒜苗、黄瓜、苋菜。

立夏农事歌

立夏麦苗节节高，平田整地栽稻苗。

中耕除草把墒保，温棚防风要管好。

爷爷说，立夏节气早在战国末年就已经确立了，它是夏季的第一个节气。这个时候，温度升高，光照加强，万物生长旺盛。农谚说："春争日，夏争时。"春播作物此时生长很快，田间地头进入了紧张繁忙的阶段。立夏前后，一定要关注农作物水分是否充足，如果天气干燥，导致水分蒸发和土壤干旱，就会影响农作物的生长。尤其是小麦，农民伯伯如果不注意就会造成很大的损失，所以要根据土壤干旱情况，及时补水加湿，保证能有个好收成。

立夏农事：抗旱防渍，加强田间管理。

◎立夏下雨，九场大水。

◎立夏不热，五谷不结。

◎立夏日鸣雷，早稻害虫多。

◎立夏前后连阴天，又生蜜虫又生疸（da）。

扫一扫,
写下你的
金点子。

立夏饭里可以加笋、豌豆、香肠、胡萝卜、香菇等食材,有五谷丰登的寓意。

值得一提的是,立夏饭中的豌豆最好是当季新鲜的。豌豆形如眼睛,古人认为吃豌豆可以消除眼病。今天,我们就来做一做立夏饭吧!

自制立夏饭

材料:浸泡1～3小时的糯米、豌豆、笋、泡发好的香菇、香肠、胡萝卜、洋葱。

步骤:

① 准备好糯米300克、豌豆100克、香肠80克、胡萝卜120克、香菇10朵、洋葱80克、笋80克。

② 香肠、笋、胡萝卜、洋葱和香菇切丁。

③ 锅烧热倒油,油热后下洋葱、笋丁、胡萝卜、香菇和香肠,翻炒出香气。

④ 炒至香肠透明时,将泡好的糯米沥干水分,下锅炒。

⑤ 翻炒几下后,加盐调味,倒入适量的水,边倒边炒,这样容易掌控水的量。

⑥ 盖上锅盖,用小火焖(mèn)10分钟。

⑦ 米饭焖好后,将豌豆平铺在米饭上,盖上锅盖再焖2～3分钟,至豌豆熟透。

⑧ 起锅前可以撒点蒜叶或小葱,作为装饰。

科普链接

立夏过后,温度逐渐攀升,人们容易烦躁上火,食欲下降,因此饮食宜清淡,以易消化、富含维生素的食物为主,少吃大鱼大肉和辛辣的食物。将绿豆、荷叶、莲子、芦根、扁豆等加入粳(jīng)米中一起煮粥,也可起到健胃、驱暑的功效。

诗词鉴赏

山亭夏日

［唐］高骈

绿树阴浓夏日长，

楼台倒影入池塘。

水晶帘动微风起，

满架蔷薇一院香。

中医药文化

中医四大经典著作——黄帝内经（治未病理念）

《黄帝内经》又称《内经》，分《灵枢》《素问》两部分，是中国最早的医学典籍（jí），也是中医四大经典著作之首。相传为黄帝所作，因此得名。《黄帝内经》全面地阐（chǎn）述了中医学理论体系的基本内容，反映了中医学的理论原则和学术思想，中医的治未病理念、望闻问切方法等都能像查字典一样在《黄帝内经》中找到出处，所以被称为医之始祖。

健康语录：立夏至，日照长，天转热，莫贪凉，重养心，宜戒怒。

平推式

夏季起时最养阳，健脾益肾是为要。
立夏养心此时节，饮食起居切切记。
腹泻有热得红眼，立夏未病有妙方。
平地宽胸转腰法，天地养阳在其中。

扫一扫，
看视频，
学做节气操。

动作要点

两手交替平推至左右肩，左右交替，收至腰间握拳。

节气操与健康

此操适合在立夏时节做。立夏是外部阳气最旺盛的时节，也是养心的好时机，此时要注意饮食起居。多做平推式节气操，可以起到健脾、益肾、养心的作用，还能使人体积聚阳气，起到预防腹泻、红眼病的作用。

蛙鸣初散雨还来——小满

　　小满是二十四节气中的第8个节气。"小满"这一名称与农作物的生长有关，是指麦类等夏熟作物灌浆乳熟，籽粒开始饱满。南方地区又有"满"为田间雨水充盈的说法，小满正是适宜水稻栽插的时节，如果田间蓄（xù）水不够满，就可能导致田坎干裂，甚至芒种时也无法栽插水稻。

时间 胶囊

20（　　）年
（　　）月（　　）日

节气档案

时间：5月20、21或22日。

寓意：夏熟作物籽粒开始灌浆饱满，尚未成熟。

穿衣：棉麻面料的衬衫、薄长裙、薄T恤。

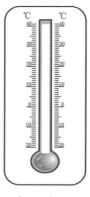

今日气温

天气风暴瓶

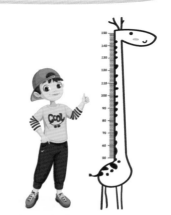

我的身高是（　　）厘米

童言三候

一候 苦菜秀

具有顽强生命力的苦菜在这个时候已经郁郁葱葱，一眼望去，绿油油的一整片，让人心旷神怡。苦菜含有很多营养成分，以前人们用它来充饥。苦菜可以生吃、炒食、做汤，还有很高的药用价值。

二候 靡（mí）草死

小满时节，阳光变得越来越强烈。喜欢生长在阴暗潮湿处的又细又软的小草们，因为不适应强烈的阳光而渐渐枯萎死去。

三候 麦秋至

在充沛的雨水和热量的孕育之下，北方大麦、冬小麦等夏收作物开始成熟了，农田里的小麦植株上已经能够见到饱满的籽粒，农民伯伯开始准备农忙了。

虞（yú）美人

虞美人是一年生草本植物，又名丽春花、赛牡丹、锦被花等。虞美人在我国江浙一带最为常见。虞美人的花多彩多姿，质薄如绫、光洁似绸，是春末夏初庭园、花境中的精细草花。因为植株上花蕾很多，此谢彼开，因此观赏期较长。一般成片种植，景色非常宜人。

月 季

月季花被称为花中皇后，又称"月月红"。它四季开花，因此得名。一般为红色或粉色，也有白色和黄色，可作为观赏植物，也可作为药用植物。

你知道吗？月季花外形很像玫瑰花，却和玫瑰花完全不同。仔细观察，你就会发现哦！

神奇的中草药

虞美人不但美观，而且药用价值高，入药叫作雏罂（yīng）粟（sù），无毒，有止咳、止痛、止泻、催眠的作用，其种子可抗癌化瘤，延年益寿。

一方水土一方人

祭车神

俗话说，小满动三车。那么，"三车"指的是什么？其实，三车都跟农业生产有关，即水车、纺车和油车。

人们祭祀车神，是因为我国古代是农业社会，用水车灌溉田地十分重要，如果田里蓄水不足，就容易影响收成。小满时节，人们在水车前摆放祭品，里面会有一杯白水，祭祀时将这杯白水洒在田里，祈求水源涌旺。

祭蚕神

小满前后，蚕宝宝开始结茧了。在传统农业社会，农桑收成不可控，蚕宝宝很娇嫩，所以古人把蚕视为"天物"，人们在小满拜蚕神，是希望能保佑蚕桑丰收。这一习俗在江浙一带比较普遍，反映了我国古代男耕女织的农耕文化。

舌尖上的健康

二十四道风味——小满菜

小满时节，吃苦菜是一些地区的传统习俗，这是因为小满时节是皮肤病的易发期，所以适合以清淡的素食为主。苦菜中含有较多的氨基酸和无机盐，这些都有利于身体发育。因为小满是开春以来第一个真正的"农忙季"，古时候的人们赋予小满节气吃苦菜的习俗"先苦后甜"的含义。

节气时蔬——蒲公英

蒲公英又名婆婆丁、黄花地丁等，是菊科植物。蒲公英是一种营养丰富的蔬菜，主要含有纤维素、蛋白质、脂肪、胡萝卜素、核黄素及钙、磷（lín）、铁等营养成分。

在食用方面，夏季多用嫩叶凉拌，也可以烹调。不过，为了减少蒲公英的苦味，可将其洗净后在开水或盐水中煮5～8分钟，然后在水中浸泡数小时，将苦味泡出，冲洗干净，再煮汤或熬粥。

> **神奇的中草药**
>
> 苦菜有清肝明目、清除心火、降血压的作用。
>
> 蒲公英有清热、解毒、止泻、保肝、健胃、降血压等作用。

小满推荐时蔬：黄瓜、黄花菜、苦菜、扁豆、苦瓜。

爷爷的农事经

小满农事歌

小满温和春意浓，防治蚜虫麦秆蝇。

稻田追肥促分蘖，抓绒剪毛防冷风。

爷爷说，每年的 5 月 21 日前后，大麦、小麦这些夏季成熟的作物种子开始饱满，但还没有完全成熟，所以这个时节被叫作"小满"。小满时节最大的特点就是高温、高湿、多雨，农田里的庄稼正好需要充足的水分，农民伯伯便要忙着给庄稼浇水，保证农作物的水量。与此同时，麦田里的病虫害也开始多起来了，有时还会有雷雨大风的袭击和干热风的影响，这些都会影响小麦的产量，因此做好相应的预防措施极为重要。

小满农事：防治虫害，预防暴雨，水稻栽插，蓄水保水。

◎ 小满麦渐黄，夏至稻花香。

◎ 小满见三新：樱桃、黄瓜、大麦仁。

◎ 小满不下，黄梅偏少。

◎ 小满芝麻芒种豆，秋分种麦好时候。

扫一扫，
写下你的
金点子。

青梅，也称梅果、梅子。青梅果实近球形，直径2～3厘米，呈黄色或绿白色，表面有一层茸毛。青梅原产我国南方，已有三千多年的栽培历史，具有很高的营养价值。将一颗小小的青梅放在口中一咬，口感脆脆的，味道酸酸甜甜的。

今天，我们就来了解一下青梅的营养价值，并自制青梅酒给家人品尝吧！

自制青梅酒

材料： 青梅、黄冰糖、白酒、食盐、刷子。

步骤：

① 将青梅在流水下冲洗干净，刷去表面的茸毛。

② 在水里加食盐，将青梅倒入，搅拌几下。

③ 换清水浸泡一晚。

④ 仔细摘去果蒂，放在阴凉处晾干。

⑤ 准备广口瓶（最好是专用的泡酒瓶），消毒晾干。

⑥ 将青梅、白酒、黄冰糖以1：1：0.6的比例放入广口瓶内。

⑦ 旋紧盖子，将其在阴凉干燥处存放三个月以上，最好是一年。

科普链接

青梅含有多种天然的优质有机酸和丰富的矿物质，具有净血、降血脂、消除疲劳、美容、调节酸碱平衡、增强人体免疫力等独特的营养保健功能。新鲜的梅子大多味道酸涩，难以直接入口，需要加工后才能食用。

节气文化驿站

诗词鉴赏

四 月

[明] 文彭

我爱江南小满天，
鲥鱼初上带冰鲜。
一声戴胜蚕眠后，
插遍新秧绿满田。

中医药文化

中医四大经典著作——难经

《难经》原名《黄帝八十一难经》，又称《八十一难》，是中医四大经典著作之一，相传为有"医仙"之称的扁鹊所著。《难经》全书共八十一难，采用问答方式，探讨和论述了中医的一些理论问题，内容包括脉诊、经络、脏腑、阴阳、病因、病机、营卫、腧（shù）穴、针刺、病证等方面。到现代，中医通过对手腕部位的寸口脉进行把脉来探知人体健康和疾病状态的方法，就是从《难经》开始流行并沿用至今的哦！

难经

健康语录：小满至，天气闷，雨水增。食清淡，防风寒，温差大，记添衣。

摘星式

小满节冷暖失调，阳宜常维防风寒。
小满时时养心阳，常吃苦菜养心阳。
小满利水清内热，饮食调养是根本。
小满防病有奇功，单掌摘星举向天。

扫一扫，
看视频，
学做节气操。

动作要点

左右云手，两手相托，至左右肩峰，一手收至腰间，一手摘星。

节气操与健康

此操适合在小满时节做。小满时节，暑热之气与湿邪容易侵犯人体，这时我们要防止身体受凉。小满时节是养心的好时机，多吃一些苦味食物如苦菜，可以清心祛暑。多做摘星式节气操，可以调养身心和气息，预防疾病。

河阴荞麦芒愈长——芒种

节气说

　　芒种是二十四节气中的第9个节气，是夏季的第3个节气，表示仲夏的正式开始。芒种的"芒"字是指麦类等有芒植物的收获，"种"字是指谷黍（shǔ）类作物的播种。"芒种"与"忙种"谐音，故民间也称其为"忙种"，形象地表示了芒种是一个很忙的节气。对于长江中下游地区，芒种常常会和梅雨季节联系在一起。这个时节，棉花、水稻等农作物正处于生长旺盛时期，需要的水量较多，因此适当的降水对于农业生产来说是十分有利的。

时间 胶囊

20(　　)年
(　　)月(　　)日

节气档案

时间：6月5、6或7日。
寓意：麦类作物成熟，播种谷黍类作物。
穿衣：棉麻面料的衬衫、薄T恤。

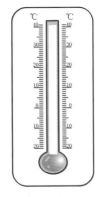
今日气温

天气风暴瓶

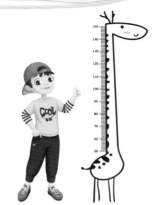
我的身高是(　　)厘米

一候　螳（táng）螂（láng）生

螳螂在上一年的深秋产卵，到了芒种时节，在感受到了潮湿、温润的气息时，初生的小螳螂破壳而出，开始新一轮的生长与繁殖。

二候　鵙（jú）始鸣

鵙，又叫伯劳鸟。它是一种比较凶猛的小型鸟类，平时以昆虫为主要食物，有时候也会捕捉一些体形较小的动物。一般生活在深山老林里，平时较少见到它的踪影。它喜欢潮湿的环境，因此在这个时节，伯劳鸟开始在枝头大量出现，并且欢快地鸣叫。

三候　反舌无声

反舌是一种生活在田间村落，能够学习其他鸟鸣叫的鸟。春天，它异常活跃，悠扬婉转的鸣叫声迷惑了很多其他鸟类。此时，因为环境变潮湿，它的活动开始减少，鸣叫声也越来越少了。

一花一草一世界

栀（zhī）子花

栀子花，又名栀子、黄栀子。栀子花的枝叶繁茂，四季都是绿色的，花朵气味芳香，是重要的庭院观赏植物。栀子常被作为盆景，广东有一种栀子盆景，人们称之为"水横枝"，其实就是水培栀子。

栀子花在我国江南较为常见。到了秋天，栀子花能结出橙红色的果实，非常漂亮。其果实还是药材，也是传统植物印染的一种重要原料。

金银花

金银花的学名是忍冬。因为它能忍受冬天的寒冷而叶子不凋落，为了突出强调其耐寒性强的生长特性，故名忍冬。"金银花"一名出自《本草纲目》，由于忍冬花初开为白色，后转为黄色，因此得名金银花。

> **神奇的中草药**
>
> 金银花不仅具有极高的观赏价值，还是一味很好的中药材，具有清热解暑、解毒止痢的功效，还可以泡茶喝。

安 苗

芒种是农事最繁忙的节气。安苗是芒种时节一项祈求丰收的祭祀活动。它起源于南宋时期，就是在芒种时节种完水稻后，百姓用新麦蒸包，把面捏成五谷六畜等形状，作为供品祭祀，祈求当年秋天丰收。

煮 梅

芒种时节，长江中下游一带的南方地区梅雨季到来，此时正是梅子成熟的时候。三国时期"青梅煮酒论英雄"和"望梅止渴"的典故流传至今。可见，煮梅是南方地区传统的芒种饮食习俗。

送花神

芒种时节，很多花都凋谢了，民间会有祭祀花神的活动，表达对花神给人间带来美丽的感谢，并期待来年再会。在我国四大名著之一的《红楼梦》里，就有对祭祀花神的描写。从这项民俗活动，也能看出古人与自然和谐相处的态度。

舌尖上的健康

二十四道风味——芒种梅

南方地区，每年的五六月份是梅子大量上市的时候。芒种时节的梅子还有些青涩，可吃法却比熟透的梅子花样更多，如煮梅子、腌脆梅、酿梅酒等。

青梅含有多种天然优质有机酸和丰富的矿物质，可以增强人体的免疫力。

节气时蔬——番茄

番茄最早是一种生长在森林里的野生浆果。据说因为色彩娇艳，番茄曾经被人们当作有毒的果子，被视为"狐狸的果实"，无人敢食。直到一位法国画家忍不住试吃后，才逐渐被人们端上了餐桌。

番茄具有特殊风味，可以生食、煮食，还可以加工成番茄酱、番茄汁或罐头。营养学家研究发现，番茄营养丰富，每人每天食用50～100克新鲜番茄，即可满足人体对多种维生素和矿物质的需求。

神奇的中草药

番茄不仅是蔬菜，还是一味中草药，具有健胃消食、生津止渴的功效。

芒种推荐时蔬：丝瓜、苦瓜、芥蓝、木耳、空心菜。

芒种农事歌

芒种雨少气温高，玉米间苗和定苗。

糜谷荞麦抢墒种，稻田中耕勤除草。

爷爷说，"芒"是指大麦、小麦等有芒作物已经成熟，抢收非常急迫。"种"指的是晚谷、黍、稷（jì）等夏播作物正是播种最忙的时候。这两个字，说明了这是一个农事繁忙的时节。这个时候，气温显著升高、雨量充沛，棉花、春玉米等春天种植的庄稼已经进入生长高峰期，不仅要追肥补水，还需除草和防病治虫。否则，农作物的产量就会大打折扣。

芒种农事：作物栽培，收割冬麦，追肥补水，防病治虫。

◎芒种芒种，连收带种。

◎芒种有雨豌豆收，夏至有雨豌豆丢。

◎霉烂病虫能生灾，入到囤里还得晒。

◎未吃端午粽，寒衣不可送。

扫一扫，
写下你的
金点子。

芒种的到来，标志着仲夏的开始。"簌（sù）簌衣巾落枣花，村南村北响缫（sāo）车，牛衣古柳卖黄瓜。"枣花满枝，徐徐落下，不失为美丽的景象。芒种实为"忙种"，即夏收、夏种及春播作物田间管理的大忙之季。此时，江南地区蚕已结茧，也正是抽丝织布的忙碌时节。

抽丝剥茧

材料：一次性杯子、蚕茧2～3个、热水、空瓶（或卡纸）、小棒。

步骤：

❶ 将蚕茧放入一次性杯子，用热水浸没。（可用小棒按压，并观察蚕茧的沉浮情况）

❷ 将完全浸润的蚕茧取出，用小棒细致地挑出丝头。

❸ 将丝头缠绕在空瓶（或卡纸）上。（提前计算一圈的周长）

❹ 继续缠绕，数一数有多少圈。（丝断了可以重复第二步）

❺ 估算一个蚕茧的蚕丝有多长。

猜一猜，一个蚕茧有几个丝头呢？

科普链接

蚕茧是蚕蛹（yǒng）期的保护层，茧层可以缫丝，茧衣及缫制后的废丝可用作丝棉和绢纺原料。江南地区一般一年养蚕2～3次，环境和条件不同，蚕茧也略有差别：一般春茧的茧丝长900～1500米，茧丝重0.35～0.45克；夏秋茧的茧丝长700～1200米，茧丝重0.22～0.37克。

夏

节气实践园

诗词鉴赏

咏廿四气诗·芒种五月节

［唐］元稹

芒种看今日，螳螂应节生。

彤云高下影，鹦鸟往来声。

渌沼莲花放，炎风暑雨情。

相逢问蚕麦，幸得称人情。

中医药文化

中医四大经典著作——伤寒杂病论

《伤寒杂病论》是中医四大经典著作之一，是一部以论述外感病与内科杂病为主要内容的医学典籍，作者是有"医圣"之称的张仲景，是我国中医院校重要的专业基础教材。《伤寒杂病论》系统地分析了伤寒的原因、症状、发展阶段和处理方法，创造性地确立了对伤寒病的"六经分类"的辨证施治原则，奠（diàn）定了理、法、方、药的理论基础。

健康语录：芒种至，梅雨到，日照少。防暑湿，勤换洗，养心肺，宜清补。

夏

节气操

如封式

梅雨当季需除湿，芒种调养重脾胃。
地气上升貌似热，千万切记寒凉伤。
湿热季节百毒起，驱除瘴气得康宁。
芒种时节体困顿，如封似闭提精神。

扫一扫，
看视频，
学做节气操。

动作要点

转腰举掌至耳旁，左右脚尖根部点地成虚步，两手成一上一下。

节气操与健康

此操适合在芒种时节做。芒种时节，梅雨天气较多，湿气较重，我们要注意保养脾胃，不要着凉。多做如封式节气操，可以使我们体内湿毒消散，还有提神的作用。

插遍秧畴雨恰晴——夏至

夏至是二十四节气中的第10个节气。在古代，夏至有一个非常重要的习俗，那就是祭天地。每年的夏至这一天，太阳在地球上的直射点会到达一年中的最北端，即北回归线。此时，北半球的白天是一年中最长的，越往北，白天越长，在北极还会出现极昼的现象。夏至之后，天气开始炎热。此时，农作物对于降水的需求较大，因此有"夏至雨点值千金"的说法。

时间 胶囊

20（　　）年
（　　）月（　　）日

节气档案

时间：6月21或22日。

寓意：炎热将至。

穿衣：棉麻短衣、短裙、短裤。

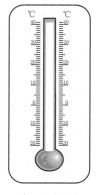

今日气温

天气风暴瓶

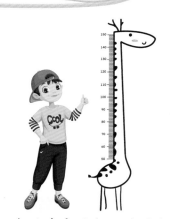

我的身高是（　　）厘米

童言三候

一候 鹿角解

古人把麋（mí）和鹿看成是两种不同的动物。鹿的角是朝前生的，麋的角是朝后生的。鹿的角脱落时间在夏至前后，麋的角脱落时间在冬至前后。角在夏至脱落的鹿指的是驯（xùn）鹿。从夏至日这一天开始，阳气渐渐衰退，鹿角开始脱落。

二候 蜩（tiáo）始鸣

蜩，俗称"知了"，学名"蝉"。夏至过后，天气逐渐炎热起来，雄性知了在树枝上开始鸣叫。

三候 半夏生

当天气变得炎热的时候，时间就来到了仲夏。这时候，一些喜阴的植物开始出现，半夏就是其中之一。它是一种中草药，喜欢生长在阴暗潮湿的地方，如沼泽地或水田中，可用于止咳化痰、治疗眩（xuàn）晕头痛。

蜀 葵（kuí）

蜀葵又称一丈红、大蜀季。蜀葵原产于我国四川，故名"蜀葵"。因为它可以长到一丈多高，花多为红色，所以又名"一丈红"。还因其于6月份麦子成熟时开花，而得名"大麦熟"。

蜀葵生命力顽强，无人看管也可以枝繁叶茂。天气越炎热，蜀葵开得越灿烂。不过，蜀葵的种子可不好收集，它的茎、叶上有粗糙的硬毛，稍不留意，就会被扎得皮肤刺痒。

荷 花

"接天莲叶无穷碧，映日荷花别样红。"

夏至是荷花绽放的时节，一湖荷花朵朵盛开，飘来阵阵清香，远远望去像一幅水墨画，别有一番风韵。

荷花不仅具有观赏价值，而且全身都是宝，藕和莲子能食用，莲子、根茎、藕节和荷叶等都可以入药，用来治疗多种疾病。

一方水土一方人

消夏避伏

夏至日，古代妇女们会互相赠送折扇、脂粉等物品。扇，借以生风；脂粉，可散浊气，防生痱（fèi）子。在古代，夏至之后，皇家则会拿出"冬藏夏用"的冰块消夏避伏。

祭神祀祖

夏至日正值麦收时节，古时就有庆祝丰收的习俗，以祈求消除灾难、获得丰收。夏至作为一个节日，被纳入古代祭神礼典。从周代起，我们的祖先就已经在夏至日祭神祀祖了。《周礼·春官》云："以夏日至，致地方物魈（xiāo）。"古人在夏至日祭神，祈求清除瘟疫、荒年、饥饿与死亡。

吃补食

夏至后，天气炎热，人们食欲不振，开始消瘦，就是人们所说的"枯夏"。古时，民间开始偷闲避暑，注意饮食补养，官府也停止办公事。

夏至养生要遵循"春夏养阳"的原则，可适当吃些温性食物，如红枣煮鸡蛋、黄芪炖鸡等。

舌尖上的健康

二十四道风味——夏至面

"吃过夏至面，一天短一线。"夏至时节，气温较高，在这样的气候环境下，人特别容易疲倦、食欲不佳，这时候来一份凉面、打卤面或炸酱面，能让人胃口大开。夏至面也叫"入伏面"，意味着炎热的夏天已经到来。

节气时蔬——丝瓜

丝瓜是夏季一种常见的食材。它有很多别名，如布瓜、天丝瓜、天罗絮、蛮（mán）瓜、天罗、虞思、虞丝等。这些名字基本上是根据丝瓜的特征、用途或出现的地区命名的。

你知道吗？丝瓜不仅仅是一种食材，成熟时里面的网状纤维称为丝瓜络，可用来洗刷灶具及家具。

神奇的中草药

丝瓜除了是食材外，还是一味中草药，它能清热消暑、化痰解渴，还能利尿消肿。

夏至推荐时蔬：丝瓜、冬瓜、豆芽、南瓜。

爷爷的农事经

夏至农事歌

夏至夏始冰雹猛，拔杂去劣选好种。

消雹增雨干热风，玉米追肥防黏虫。

爷爷说，夏至是我们这里一年当中白昼最长、黑夜最短的一天。从夏至开始，我国大部分地区气温较高，日照充足，农作物生长很快，需要的水分也多了起来，所以有"夏至雨点值千金"的说法。这个时候，长江中下游地区进入了梅雨季节，充足的水分和温暖的气候，为农作物生长创造了水热同季的有利条件。但是，各种农田杂草生长也很快，不仅与农作物争水争肥争阳光，还携带了病菌和害虫。所以，抓紧时间拔草锄地是增加产量的重要方法之一。

夏至农事：及时定苗，护果防虫，草肥畜旺，田间排水。

◎夏至有雨，仓里有米。

◎夏至东风摇，麦子水里捞。

◎夏至食个荔（lì），一年都无弊（bì）。

节气实践园

扫一扫，写下你的金点子。

夏至是炎炎夏日的起点，人们经常汗流浃背。以前没有空调、电扇的时候，扇子是人们必备的消暑神器。扇子多种多样，有竹扇、绢扇、羽扇、蒲扇和麦秆扇等。让我们也做一把别具一格的扇子吧！

自制消暑扇

材料：卡纸、一次性筷子、记号笔、剪刀、圆规、彩色胶带、白胶等。

步骤：

① 分别用绿色、白色和红色卡纸剪出大、中、小三个圆形，叠起来粘好，作为扇子的正面。

② 在绿色卡纸的背面用记号笔画出西瓜条纹，作为扇子的背面。

③ 把一双一次性筷子缠上彩色胶带，作为扇子的手柄。

④ 用白胶将手柄粘在扇子的背面，这样一把消暑西瓜扇就做好了。

你也可以设计出不一样的消暑扇哦！

科普链接

在我国，扇子有着非常古老的历史。"舜（shùn）作五明扇"，说明扇子早在新石器时代就产生了。扇子最初是一种礼仪工具，是统治阶级为了彰显自己的地位与特权而使用的。后来，扇子渐渐地变为纳凉、娱乐、欣赏之用的生活用品和工艺品。

节气文化驿站

诗词鉴赏

竹枝词二首（其一）

［唐］刘禹锡

杨柳青青江水平，

闻郎江上踏歌声。

东边日出西边雨，

道是无晴却有晴。

中医药文化

中医四大经典著作——神农本草经（神农尝百草）

《神农本草经》又称《本草经》或《本经》，托名尝百草的"神农"所作，是中医四大经典著作之一，也是已知最早的中药学著作。《本草经》将药物分为上、中、下三品，其中上品药主养命，中品药主养性，下品药以治病。俗话说"是药三分毒"，但是《本草经》中的上品一般无毒且让人见之欢喜，通常质地细腻，给人柔和的感觉，这些药可用于养正，比如灵芝和人参。

健康语录：夏至到，酷暑来，少外跑，多歇息，鲜瓜果，不可少。

开弓式

夏日正阳为君火，培阴养阳护心神。
细细柳叶夏至面，正阳补虚结夏居。
夏至防暑第一要，藿香生姜是妙药。
左右开弓似拉弓，强心健肺康体安。

扫一扫，
看视频，
学做节气操。

动作要点

马步左右手变换，一手成八字掌推手，虎口撑开，一手成拉弓式，四指内扣。

节气操与健康

此操适合在夏至时节做。夏季高温容易使人心情烦躁，炎热的气候使中暑的概率也增大了。此时要注意防暑，常备藿香正气水和生姜。多做开弓式节气操，有利于心肺健康，身体强健。

夜热依然午热同——小暑

节气说

　　小暑是二十四节气中的第11个节气。暑，在古文中表示炎热的意思。小暑，顾名思义就是稍微炎热，还没有达到十分炎热的程度。此时，我国的农作物大多已经进入茁壮成长的阶段，农民伯伯需要加强田间管理。南方要注意抗旱，北方则要注意防涝。相传，小暑前后的"六月六"是龙宫晒龙袍的日子，因为这一天是一年中阳光辐射最强的日子，所以家家户户都会不约而同地把存放在箱柜里的衣服晾到外面接受阳光的暴晒。

时间 胶囊

20(　　)年
(　　)月(　　)日

节气档案

时间：7月6、7或8日。
寓意：天气开始炎热。
穿衣：棉织的短袖、短裙、短裤。

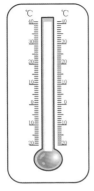
今日气温

天气风暴瓶

我的身高是(　　)厘米

一候　温风至

小暑之后，凉风不再出现在大地上，所有的风中都夹着热浪。

二候　蟋（xī）蟀（shuài）居壁

蟋蟀喜欢生活在洞穴里，常常栖息在地表、砖石下、土穴中、草丛间。从小暑后的第五天开始，天气变得越来越炎热，蟋蟀因此离开田野，躲到庭院的墙角下以避暑热。

三候　鹰始鸷（zhì）

随着气温的升高，地面温度越来越高，不再适合老鹰活动，于是老鹰改为在清凉的高空活动。

一花一草一世界

凌霄（xiāo）花

"青桐双拂日，傍带凌霄花。"

凌霄花，别名紫葳（wēi）、
五爪龙、红花倒水莲、倒挂金钟
等。花朵呈钟状，花冠外部为橙黄色，内部为鲜红色。在千年古凤凰
城——南城镇，凌霄花花开遍野，素有"凌霄之乡"的美誉。

你知道吗？凌霄花的花语是"敬佩、声誉"，多代表慈母之爱。一般将
凌霄花和冬青、樱草放在一起，合成花束送给妈妈，以表达对妈妈的感激
之情。

木槿（jǐn）花

木槿花一般在夏季和初秋盛开。它是
一种比较特殊的花，清晨盛开，傍晚合
拢，每天如此往复，所以又被称为朝开暮
落花。

木槿花的生命力很强，一朵花凋谢之
后，其他的花苞会接连不断地盛开，仿佛
无穷无尽、生生不息。韩国人欣赏木槿花
高洁与美丽的气节，更敬佩它生生不息的
生命力，将木槿花作为韩国国花。

一方水土一方人

天贶（kuàng）节

据史书记载，小暑前后是农历六月初六"天贶节"，"贶"即"赐"，即天赐之节。相传这一天，宋代皇帝会向臣属赐"冰麨（chǎo）"和"炒面"，所以称天贶节。我国很多地方有过天贶节的传统。

小暑食新

过去，民间有小暑"食新"的习俗，即在小暑这一天尝新米。人们将新收的稻谷碾成米后，做成饭供祀五谷大神和祖先，然后尝新米。

晒书画和衣物

小暑这一天，老百姓有晒书画和衣物的习俗。民间有"六月六，人晒衣裳龙晒袍""六月六，家家晒红绿"的谚语，"红绿"就是指五颜六色的各种衣服。

舌尖上的健康

二十四道风味——小暑藕

我国民间素有小暑吃藕的习俗。进入小暑节气，天气更加闷热，人会觉得疲劳、乏力。吃藕能清热、安神、提高人的免疫力，是夏季不错的饮食选择。可以将新鲜的藕用小火煨（wēi）烂后切片，加适量的蜂蜜当凉菜吃。也可以把藕切成薄片，用开水焯一下，加醋凉拌。还可以把藕和排骨一起清炖。

节气时蔬——豇（jiāng）豆

豇豆是人们餐桌上的美食之一。南方地区又称为饭豆、长豆角等。豇豆的食用方法很多，可炒食，也可凉拌，还可腌泡、干制、制罐等。因此，在冬季我们也常常能吃到酸豆角或干豇豆，另有一番风味。豇豆含有易于消化吸收的优质蛋白质、适量的碳水化合物及多种维生素、微量元素等，可补充机体的营养。李时珍曾这样称赞豇豆："可菜、可果、可谷，备用最好，乃豆中之上品。"

> **神奇的中草药**
>
> 你知道吗？豇豆还是中草药，具有健脾补肾、开胃的功效。

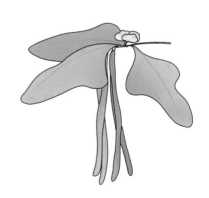

小暑推荐时蔬：扁豆、刀豆、西红柿、南瓜、海带、莲藕、豆芽。

小暑农事歌

小暑进入三伏天，龙口夺食抢时间。

玉米中耕又培土，防雨防火莫等闲。

爷爷说，小暑的到来，意味着炎热的日子来了，气温升高，雨量增加，光照充足。这个时候，农作物正处在最旺盛的生长时期。为了照顾农作物，农民伯伯在田间忙碌着。比如，种下去的早稻，要赶在最高温来临之前收割，而中稻已拔节进入孕穗期，要抓紧施穗肥。此时，大部分棉花产区的棉花开始开花结铃，生长旺盛，要及时施花铃肥，同时要及时修剪，去掉老叶，不然就会影响产量。盛夏高温，蚜虫、瓢虫等多种害虫繁盛，要注意及时防治。我国南方大部分地区的雷暴经常在这个时候发生，对于菜农来说，应提防热雷雨的危害。

小暑农事：采取抗旱、防洪措施，防治病虫，适时采果。

◎ 头伏萝卜二伏菜，三伏还能种荞麦。

◎ 头伏饺子二伏面，三伏烙饼摊鸡蛋。

◎ 小暑温吞大暑热。

◎ 小暑起燥风，日夜好晴空。

扫一扫，写下你的金点子。

蟋蟀穴居，夜间活动，全世界已知约2500种。斗蟋蟀也称"秋兴""斗促织""斗蛐蛐"，是一种用蟋蟀相斗取乐的娱乐活动。斗蟋蟀始于唐代，盛行于宋代，流行于全国多数地区。

制作纸蟋蟀

材料： 彩色卡纸、剪刀、水彩笔等。

步骤：

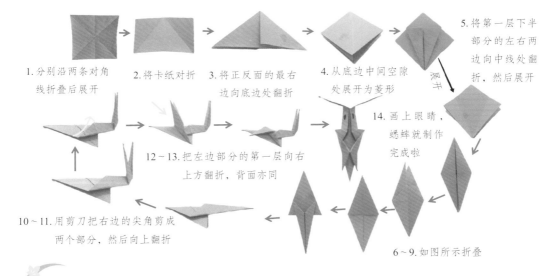

1.分别沿两条对角线折叠后展开

2.将卡纸对折

3.将正反面的最右边向底边处翻折

4.从底边中间空隙处展开为菱形

5.将第一层下半部分的左右两边向中线处翻折，然后展开

6～9.如图所示折叠

10～11.用剪刀把右边的尖角剪成两个部分，然后向上翻折

12～13.把左边部分的第一层向右上方翻折，背面亦同

14.画上眼睛，蟋蟀就制作完成啦

科普链接

蟋蟀、知了和蝈蝈是同一物种吗？蟋蟀一般呈黄褐色或黑褐色，丝状触角细长易断，尾部有针，咀嚼式口器，有的大颚发达，强于咬斗。蝉又称知了。雄蝉的腹部有一个发声器，能连续不断地发出响亮的声音；雌蝉不能发出声音。蝈蝈是绿色的，像蝗虫，但较大些。

诗词鉴赏

咏廿四气诗·小暑六月节

[唐] 元稹

倏忽温风至，因循小暑来。

竹喧先觉雨，山暗已闻雷。

户牖深青霭，阶庭长绿苔。

鹰鹯新习学，蟋蟀莫相催。

中医药文化

九种体质

中医将人的体质大致分为九类，除去相对健康的平和质外，另外八种为处于所谓亚健康状态的体质类型，即阳虚质、阴虚质、气虚质、痰湿质、湿热质、血瘀质、特禀（bǐng）质、气郁质。其中，平和质表现为体型匀称、营养良好、神情活泼、面色红润、双目

健康派

平和质

有神、毛发黑泽、肌肉结实、筋骨强健、声音洪亮等。小朋友，快对照一下，看看自己是不是属于这种健康体质吧！

健康语录：小暑至，气温升，绿豆粥，能防暑，多喝水，勿暴晒。

116

节气操

歇步式

小暑宁心三伏天，补阴于热在暑天。
平心去火祛暑湿，黑红绿豆三豆汤。
夏夜潮湿难入眠，秘法荷叶枕安神。
午间小憩子午觉，时练小暑歇步功。

扫一扫，
看视频，
学做节气操。

动作要点

左右手交替向侧方，一手冲拳，一手收至腰间，同时步型变换成歇步。

节气操与健康

此操适合在小暑时节做。小暑天气炎热，可以用黑豆、红豆和绿豆熬成三豆汤来消暑。夏季夜晚比较潮湿，可用荷叶枕助眠。中午可午睡片刻。多做歇步式节气操，可达到平心静气、防暑的效果。

荷花入暮犹愁热——大暑

　　大暑是二十四节气中的第12个节气，也是一年中最炎热的时节，因为时值"三伏天"的"中伏"前后，气温是一年中最高的。为了避免中暑，人们往往会在这个时节喝凉茶消暑。其实，在伏天吃羊肉（也叫"喝暑羊"）可以热制热，排汗排毒，驱除冬春之毒和湿气，是以食为疗。在这样的高温下，农作物生长的速度也是最快的。同时，旱涝、台风、雷暴等各种气象灾害也最为频繁。

时间 胶囊

20（　　）年
（　　）月（　　）日

节气档案

时间：7月22、23或24日。

寓意：一年中最热的时候。

穿衣：真丝短衣、短裙、短裤，户外着长衣裤。

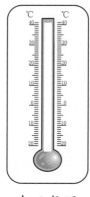

今日气温

天气风暴瓶

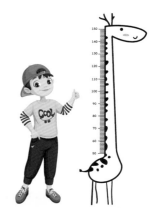

我的身高是（　　）厘米

童言三候

一候 腐草为萤

在大暑节气来临之时，萤火虫开始孵（fū）化。陆生的萤火虫把卵产在枯草上，所以古人认为萤火虫是腐草变成的。

二候 土润溽（rù）暑

大暑后几日，天气开始变得非常闷热，土地变得很潮湿。

三候 大雨时行

再过几天，时常会下大雨，气温渐渐降低，开始从夏天过渡到秋天。

一花一草一世界

睡 莲

睡莲又称子午莲、水芹花，是水生花卉中的名贵品种，外形与荷花相似。它的花色彩鲜艳，楚楚动人，在一池碧水中宛如清丽脱俗的少女，被人们誉为"水中女神"。

盛夏，鸟叫蝉鸣，百花斗艳，这是大自然最具生命活力的时节。清晨，薄雾缭绕，在一池清水中，睡莲正悄然苏醒，朵朵莲花如同美丽少女的笑脸，含情脉脉地迎着阳光绽放。

洋桔（jié）梗

洋桔梗是一种十分美丽的花，有多种颜色，我们经常能在花店中见到它的身影。洋桔梗的外形纤细柔软，给人一种娇嫩可怜的感觉，每一片花瓣都向外微微翻卷。

一方水土一方人

送大暑船

送大暑船是我国浙江沿海地区，特别是台州等地的民间传统习俗。其寓意是把"五圣"送出海，送暑保平安。通常送大暑船时，会伴有丰富多彩的文艺演出。

饮伏茶

三伏天，高温酷暑，民间从古至今都有大暑饮伏茶的习俗。伏茶是由金银花、夏枯草、甘草、蛤蟆草等多味中草药煮成的茶水，有清凉消暑的作用。

赏荷花

大暑月也称"荷月"，民间有赏荷花的习俗。江苏苏州等地就是著名的观荷圣地。《吴郡记》中记载："荷花荡在葑（fēng）门之外，每年六月廿四日，游人最盛，画舫云集，露帏则千花竞笑，举袂则乱云出峡，挥扇则星流月映……"

二十四道风味——大暑汤

大暑节气正是"三伏天"，也是一年中最热的时节，这时候来一碗降暑的绿豆汤最适宜不过了。绿豆含有丰富的蛋白质和各种矿物质，不仅有较高的食用价值，还有药用价值，有"济世之食谷"的美誉，是民间传统的解暑佳品。绿豆汤有各种做法，口味众多，常见的有百合绿豆汤、南瓜绿豆汤和薏仁绿豆汤等，可根据自己的喜好添加不同的配料。

节气时蔬——苦瓜

说起苦瓜，你会不会吐出舌头呀？它实在是太苦了。苦瓜含有一种苦瓜苷，因具有特殊的苦味而得此名。不过，依然有不少人爱吃苦瓜，可以接受生吃、熟吃等各种吃法。苦瓜的营养价值较高，维生素C和维生素B_1的含量高于一般蔬菜。苦瓜全身都是宝，其根、茎、叶、花、果实及种子在世界各地都有药用的记载。

神奇的中草药

苦瓜除了是蔬菜外，还是一味中草药，具有清热解毒、清心明目、利尿消肿、降血糖、解疲乏的功效。

大暑推荐时蔬：苦瓜、莲藕、豇豆、百合、丝瓜、西兰花。

爷爷的农事经

大暑农事歌

大暑大热暴雨增，复种秋菜紧防洪。

勤测预报稻瘟病，深水护秧防低温。

爷爷说，大暑是我国大部分地区一年中最热的时期。"大暑天，三天不下干一砖。"酷暑盛夏，水分蒸发很快，尤其是长江中下游地区正值伏旱期，生长旺盛的作物对水分的需求更加迫切，真是"小暑雨如银，大暑雨如金"。一旦遇到干旱，棉花将落花落铃，大豆将落豆荚。因此，要格外注意农作物是否缺水，及时做好补水工作。与此同时，大暑也是雷雨灾害频发的时节，若遇上雷雨天气，要避开易遭雷击的地方，如广阔的田野、高大的树木等。

大暑农事：抢收抢种，抗旱排涝，灌溉补水，农田管理。

◎大暑热不透，大热在秋后。

◎大暑不暑，五谷不鼓。

◎大暑处在中伏里，全年温高数该期。

◎大暑大雨，百日见霜。

扫一扫，
写下你的
金点子。

节气实践园

大暑时节，我国大部分地区天气炎热，35℃
的高温司空见惯，40℃的酷热也不少见。最热的
"火炉"，应属新疆吐鲁番的火焰山。《西疆杂述
诗》中写道："试将面饼贴之砖壁，少（shǎo）顷（qǐng）烙熟，烈日可
畏。"由此可见，"火焰山"的确名不虚传。

炎热的夏天，想不想自己动手做冰激凌呢？

自制冰激凌

材料：4个鸡蛋、白砂糖、牛奶、巧克力。

步骤：

❶ 将4个鸡蛋的蛋黄取出，加4勺糖，顺时针将蛋清打至呈乳白色。

❷ 把牛奶倒进锅里，然后加热。其间放入巧克力并搅拌，直到完全融化。

❸ 将煮好的巧克力奶慢慢倒入打好的蛋清里，边倒入边搅拌。

❹ 晾凉后放入冰箱冷冻，中间数次取出并搅拌。

❺ 设计并装饰创意冰激凌。

科普链接

"大暑小暑，上蒸下煮。"炎炎夏日，人们容易出现头晕、头
痛、乏力、胸闷等中暑症状，夏季消暑很重要。那么冰棍、雪糕是
不是解暑佳品呢？科学研究发现，这些食物含有大量糖分，而提供
的水分较少，所以没有太大的降温效果，过多食用反而会引起肠胃
的不良反应，可不要贪吃哦！

节气文化驿站

诗词鉴赏

消 暑

[唐] 白居易

何以消烦暑，端坐一院中。

眼前无长物，窗下有清风。

散热由心静，凉生为室空。

此时身自保，难更与人同。

中医药文化

冬病夏治

冬病夏治是我国传统医学的特色疗法，指的是人们在冬天落下的疾病，可以利用夏季最热的三伏天气，配合食疗、针灸、拔罐、艾灸等手法，起到治疗和缓解一些慢性疾病的作用。中医养生学家发现，冬季的慢性疾病很多都是由于阳虚阴盛导致的，而夏季三伏天是人体一年中阳气最盛的时候，正是调理身体、根除疾病的最佳时段。常用的治疗方法包括穴位贴敷（fū）、拔火罐、艾灸等。

健康语录：大暑至，炎热极，防中暑，带伞帽，清凉茶，随身备，莫急躁。

迎门式

三伏过半防中暑，刮痧保健益元阳。
冬病夏治此时益，大暑时节养心宜。
一杯苦茶常在手，饮食清淡清内湿。
盛夏勤练迎门腿，骨正筋柔气血和。

扫一扫，
看视频，
学做节气操。

动作要点

两手左右推掌成一条直线，向上交替踢腿并向前蹬，然后落地。

节气操与健康

此操适合在大暑时节做。三伏天是一年中气温最高且闷热潮湿的时候，容易中暑，所以要养心安神、清淡饮食。此时也是冬病夏治的好时机。多做迎门式节气操，可以强健筋骨，调养气血。

夏

健康乐园

夏天来了，是谁告诉你的呢？哟，原来是亭亭玉立的荷花，它们在池塘里竞相开放，飘出淡淡的清香。荷塘里的小鱼儿在欢乐地嬉戏，小青蛙端坐在荷叶上大声地歌唱。夏天来了，天气渐渐变热了。很多小朋友不注意身体，出现了拉肚子、中暑等情况。小朋友，你知道在夏天怎么做才能不生病吗？

夏天到，怎知道？
轰隆轰隆雷公闹。
夏天到，怎知道？
蜻蜓跳舞荷花笑。

我的好习惯

夏天来了，太阳公公又开始发威了！夏季气温高，小狗热得吐舌头，我们的身体也特别容易出汗，这会导致水分缺失，所以我们要多喝白开水，少喝饮料。

夏季炎热潮湿的天气使得细菌、霉菌大量滋生，并且小朋友的抵抗力弱，容易引起肠胃不适。因此，我们要注意饮食卫生，不吃变质、生冷的食物。冰激淋虽然好吃，但是不能多吃哦！

小朋友，如何在夏季健康成长，杜绝着凉、"热感冒"等常见疾病的发生？我们要养成早睡早起的好习惯，不要整天待在空调房里，早晨可以出去运动一下。

最佳入睡时间是22:00～23:00；
最佳起床时间是5:30～6:30。
适当午睡(1小时)，促进身体健康。

开空调时要注意经常给房间通风换气，每两小时开窗一次，每次通风半小时。不管是开空调还是开窗通风，都不要让风直吹身体。

小朋友，你知道我们的身体各时间段都在干什么吗？在这些时间段，我们应该养成怎样的好习惯呢？

寅时（3：00—5：00）：

睡得熟，色红精气足。我们要在这时保持睡眠状态，这样可以使我们在清晨时面色红润，精力充沛。

午时（11：00—13：00）：

小憩，安神养精气。心气推动血液运行，养神、养气、养筋。午睡一会儿对我们的心脏有好处，可以让我们下午至晚上精力充沛。

戌时（19：00—21：00）：

护心脏，减压心舒畅。心包经戌时最兴旺，可清除心脏周围的外邪，使心脏处于完好状态。此时，一定要保持舒畅的心情，可看书、听音乐，或做操、跳舞、打太极等，以放松心情，释放压力。

我运动，我健康

　　夏季是运动的好季节，我们要养成良好的锻炼习惯，以增强抵抗力。夏天，最舒适的运动方式莫过于游泳了。游泳既能强身健体，又能帮助散热，预防中暑。

　　我们的祖先通过观察和模仿鱼类、青蛙等动物在水中游动的动作，逐渐学会了游泳。游泳是全身运动，不仅可以强身健体，还可以增强身体的协调能力和心肺功能。游泳还可以放松精神，改善睡眠。游泳有很多种花样，如蝶泳、仰泳、蛙泳、自由泳等。我们每周可以游2～3次，每次游10～20分钟。让我们动起来吧！

　　夏季天气炎热，可以选择上午7～8点或下午4～6点去户外活动，避免阳光直晒，可在树荫下玩耍，戴上遮阳帽，备好凉开水。

夏天雷雨天气多，空气很潮湿，存在触电的不安全因素。小朋友，不管是在家里还是在外面，我们都要当心触电哦！

夏季用电安全小知识

①景观喷泉有漏（lòu）电危险，不要进入喷泉水池内玩耍。

②看见脱落的电线要远离。

③不用金属接触电源。

④雷暴天气，记得切断家用电器的电源。

⑤不用湿手触摸电器、电源开关。

夏天，很多小朋友都喜欢游泳，如果没有足够的安全防范意识，很容易发生溺（nì）水事件。让我们来看看防溺水小知识吧！

防溺水六不准

①不准私自下水游泳。

②不准到不熟悉的水域游泳。

③不准不熟悉水性的孩子下水施救他人。

④不准擅自与他人结伴游泳。

⑤不准到无安全设施、无施救人员的水域游泳。

⑥不准在无家长或老师带领的情况下游泳。

防溺水安全标志

节气生活通

夏季食养

《素问·四气调神大论》记载,"夏三月,此谓蕃(fān)秀;天地气交,万物华实"。

夏季气候炎热似火,对应人体五脏中的心脏。所以,在夏季的养生中要注重对心脏的养护。立夏之后,天气逐渐转热,饮食宜清凉、清淡,以易消化、富含维生素的食物为主,少吃油腻、辛辣的食物。

黄瓜:味甘,性凉,无毒。有除热、利水、解毒之效。可治烦渴、咽喉肿痛、火眼、汤火伤。《日用本草》记载,黄瓜"除胸中热,解烦渴,利水道"。

苦瓜:味苦,性寒,无毒。有除热解烦、明目解毒之效。《随息居饮食谱》记载,苦瓜"青(生)则涤热,明目清心。熟则养血滋肝,润脾补肾"。

赤豆:味甘、微酸,性平。有利水除湿、和血排脓、消肿解毒之效。《本草再新》记载,赤豆"入心、肺二经"。

荷叶莲花饮

原料：嫩荷叶3克，莲花6克，绿茶3克。

荷叶：味苦，性平。有清热解暑、升发清阳、凉血止血之效。《太苹再新》记载，荷叶"清凉解暑，止渴生津，治泻痢，解火热"。

莲花：味甘，性凉。有清心凉血之效。《日华子本草》记载，莲花"镇心、益色、驻颜、轻身"。

绿茶：味苦、甘，性凉。有清头目、除烦渴、化痰、消食、利尿、解毒之效，可治头痛、目昏、心烦口渴。《随息居饮食谱》记载，绿茶"清心神，凉肝胆，涤热，肃肺胃"。

夏季生活小习俗

麦粽与夏至饼

《吴江县志》记载："夏至日，作麦粽，祭先毕，则以相饷（xiǎng）。"在夏至日，江南的人们不仅吃麦粽，而且将麦粽作为礼物相互馈赠。人们还擀（gǎn）面做薄饼，烤熟后夹青菜、豆荚、豆腐、腊肉等，祭祖后食用或分赠亲友，俗称"夏至饼"。

采摘半夏

半夏，天南星科半夏属植物，在田间地头、小径两旁随处可见。它通常在夏至前后开花，全株有毒，但其块茎晒干炮制后可入药。《神农本草经》记载："半夏于夏历五月间采，及夏之半，故名半夏。"古人认为，夏至这天阳气达到鼎盛，过后便开始盛极而衰，阴气渐生。而半夏正好在此时感阴而开花，似乎也沾染了节气特性，因此被古人视为具有阳极生阴之气，块茎生用能消痞肿，炮制后则具有燥湿化痰、降逆止呕的功效。一首用中药材写就的《四季歌》道："端阳半夏五月天，菖蒲制酒乐半年；庭前娇女红娘子，笑与槟榔同采莲。"过去，人们只要看见半夏开花，采药人开始在田间地头采收半夏，就知道盛夏降临，夏已过半。

乘露剖莲雪藕

莲实之味，美在清晨，水气夜浮，斯时正足。若是日出露晞（xī），鲜美已去过半。当夜宿岳王祠侧，湖莲最多。晓剖百房，饱啖足味。藕以出水为佳，色绿为美，旋抱西子一湾，起我中山久渴，快赏旨哉；口之于味何其哉？况莲德中通外直，藕洁秽不可污，此正幽人素心，能不日茹佳味？

——明·高濂（lián）《遵生八笺》

译文：莲子的滋味，清晨最美。水气夜浮，这时正足。如果日出露散，鲜美的滋味就会减半。夜宿岳王祠旁边，此处湖莲最多，拂晓时剥出的莲米，滋味最好。藕以露出水面的最好。绕西湖一游，勾起我在山中多日的渴望。欢欣品尝如此甘美的莲藕，何况莲的品格是中通外直，藕则是出淤泥而不染，这正是雅洁之士的情怀，怎能不让人天天想着吃如此的美味佳肴呢？

神奇的中草药

莲子和莲藕都是中草药，它们有益胃健脾、养血安神、止泻的功效。

音乐养生

火音（徵声）

扫一扫，
听火音。

《黄帝内经》记载，"火音通心经，疏导小肠经，心藏神——心主神明，丝音调理神志，疏导血脉，平稳血压，疏通小肠，舒缓心绪"。心脏一刻不停地搏动，符合火的特性。火有热量，是万物的动力，丝弦的声音可拨动人的心弦。

丝弦类的古琴之声就属于火音，这起源于远古伏羲氏弹瑶琴治百病以调心智。古琴奏鸣的回音，悠扬绵延，可舒缓人的心理压力和情绪。

最佳欣赏时间：21：00—23：00。中医最讲究睡子午觉，所以一定要在子时之前让心气平和下来。

土音（宫声）

扫一扫，
听土音。

宫声相当于简谱中的"1"。宫调式乐曲悠扬沉静、淳厚庄重，如大地般宽厚结实，可入脾。土音的每一个音节、音律，都有极深的内涵。依实证，古埙、竽音、葫芦笙等发出的土音，对脾胃有极佳的理疗、养生功能。因为土生万物，土音是万物化生成形的元音动力，入脾经与胃经，主理脾胃的健康。

考古学家发现，十万年前我国山西就有石埙出现，说明当时人类已经懂得使用石埙放松身心，印证了"原始先人吹埙，群民围篝火而听"的传说。

最佳欣赏时间：进餐时，以及餐后一小时内欣赏，效果比较好。